测量实验与实习教程

（第2版）

赵世平　编著

黄河水利出版社
·郑州·

内 容 提 要

本书是“测量学”课程配套的实验与实习用书。内容包括测量实验与实习须知、测量实验及课堂作业、苏州一光 RTS110 系列全站仪的使用方法、数字化测图技术、测量实习指导和附录等。本书按照不同的测量仪器和测量方法列出了 17 个实验项目，介绍了各种测量仪器的结构和功能、实验方法以及应达到的要求等，重点介绍了苏州一光 RTS110 系列全站仪的使用方法、数字化测图技术的原理和方法、数字化测图软件 CASS7.0 的使用方法。

本书可作为高等学校非测绘专业实验与实习教材使用，也可供从事测量工作的工程技术人员阅读参考。

图书在版编目(CIP)数据

测量实验与实习教程/赵世平编著. —2 版. —郑州：黄河水利出版社，2016. 9

ISBN 978 - 7 - 5509 - 1551 - 0

Ⅰ. ①测… Ⅱ. ①赵… Ⅲ. ①测量学 - 实验 - 高等学校 - 教材 Ⅳ. ①P2 - 33

中国版本图书馆 CIP 数据核字(2016)第 230866 号

出 版 社：黄河水利出版社

地址：河南省郑州市顺河路黄委会综合楼 14 层　　邮政编码：450003

发行单位：黄河水利出版社

发行部电话：0371 - 66026940、66020550、66028024、66022620(传真)

E-mail：hhslcbs@126.com

承印单位：河南承创印务有限公司

开本：787 mm × 1 092 mm　1/16

印张：10.75

字数：262 千字　　印数：1—2 000

版次：2009 年 1 月第 1 版　　印次：2016 年 9 月第 1 次印刷

2016 年 9 月第 2 版

定价：26.00 元

再版前言

本书为黄河水利出版社2009年出版的《测量实验与实习教程》的第2版，是在原书的基础上，对内容做了大幅度的修改、重新编写而成的。在海南大学土木工程类、土地管理类、园林类和农学类等专业的“测量学”课程教学中，本书作为配套教材用于测量课堂实验和测量教学实习中。

全书内容包括测量实验与实习须知、测量实验及课堂作业、苏州一光RTS110系列全站仪的使用方法、数字化测图技术、测量实习指导和附录等。

本书编写分工如下：第一章由海南大学土木建筑工程学院李艳荣编写；第二章、第四章、第五章和附录由海南大学土木建筑工程学院赵世平编写；第三章由海南亿拓基础工程有限公司王会龙编写。本书由赵世平负责统稿。

由于作者水平有限，书中疏漏和不妥之处在所难免，敬请读者批评指正。

作　者

2016年6月于海口市

前　言

“测量学”课程是一门实践性很强的技术基础课，测量实验与实习是“测量学”课程教学的重要组成部分。测量实验教学的任务，不仅是验证、巩固和加深课堂所学的基础理论知识，更重要的是培养学生实验操作能力、综合分析问题和解决问题的能力。测量实习是在学完测量学基本理论知识并初步掌握测量仪器的基本操作方法后安排的综合性教学实习，它是一门独立开设的实践性课程。测量教学实习除验证课堂理论外，也是巩固和深化课堂所学的知识，理论与实践有机结合的重要环节，又是培养学生动手能力和严谨的实践科学态度、吃苦耐劳工作作风的不可缺少、不可替代的一课。

随着现代科学技术的飞速发展，先进技术在测绘学科得到了广泛的应用。测绘仪器从原来的光学仪器为主，逐步发展为现在的以电子测量仪器和各种数字化测绘应用软件为主，并在各行各业得到了普及和广泛的应用。为此本书第三章着重介绍了苏州一光 RTS632 全站仪的使用和数据传输的方法。考虑到学生实验时数的限制和学习的循序渐进，本书在介绍新仪器的性能和使用方法时，力求内容突出重点和文字简明扼要，避免求全求深，以期通过有限时数的学习与实践，使学生能较快掌握其基本性能和使用方法。

本书是作者多年“测量学”课程教学经验的结晶，已在校内使用多年，吸取了作者多年教学研究成果，可作为非测绘专业“测量学”课程的配套实验与实习教材。

本书内容包括测量实验与实习须知、测量实验及课堂作业、全站仪的使用与数据通信、测量实习指导、CASIOfx－4500P 计算器测量计算程序及附录等，全书由赵世平编写。

本书在编写过程中得到了苏州一光仪器有限公司的大力帮助，在此深表谢意。由于编者水平有限，书中疏漏和不妥之处在所难免，敬请读者批评指正。

编　者

2008 年 9 月于海口市

目　录

第一章　测量实验与实习须知

测量工作是一项集体性工作，任何个人是很难单独完成的。因此，测量实验工作必须以小组为单位进行。实验前各小组成员要认真阅读实验须知与实验指导内容，做好实验准备工作；实验时，要做到积极参与、互相配合、共同完成；实验完成后，要认真整理实验成果、积极思考并做好复习题，巩固课堂理论知识。

第一节　测量实验与教学实习的目的与要求

一、测量实验与教学实习的目的

(1)掌握测量仪器的操作方法。

(2)掌握正确的观测、记录和计算方法，求出正确的测量结果。

(3)巩固并加深测量理论知识的学习，做到理论联系实际。

二、测量实验与教学实习的要求

(1)实验前，必须预习实验指导书，弄清实验目的、实验要求、实验仪器及工具、实验方法和步骤，以及实验注意事项。

(2)实验开始前，以小组为单位到测量实验室领取并检查实验仪器和工具，做好仪器使用登记工作。领到仪器后，到指定实验地点集中，待实验指导教师作全面讲解后，方可开始实验。

(3)每次实验，各小组长应根据实验内容，进行适当的人员分工，并注意工作轮换。

(4)实验时，必须认真仔细地按照测量程序和测量规范进行观测、记录和计算工作，遵守实验纪律，保证实验任务顺利完成。

(5)爱护测量仪器和工具。实验过程中或实验结束后，如发现仪器或工具有损坏、遗失等情况，应及时报告指导教师。指导教师和仪器管理人员查明情况后，根据具体情节，做出相应的经济处罚或批评。

(6)实验完毕，须将实验记录、计算和结果交指导教师审查，待老师同意后方可收拾仪器离开实验地点。

(7)及时向测量实验室还清实验仪器和工具，未经指导教师许可，不得任意将测量仪器转借他人或带回宿舍。

第二节　测量仪器和工具的使用注意事项

测量仪器精密贵重，是国家的宝贵财产，也是测量人员的必备武器，测量仪器如有损坏或遗失，不但造成学校财产和个人经济上的损失，还将直接影响到学校正常的测量教学工作;在工程建设单位,测量仪器的损坏或遗失,将直接影响工程建设的质量和进度。因此,爱护测量仪器和工具是每个测量人员应有的品德和职责。

爱护测量仪器和工具,首先必须了解并熟悉测量仪器和工具的结构以及正确的使用方法。正确使用和维护测量仪器,对保证测量精度、提高工作效率、防止仪器损坏、延长仪器使用年限等都有重要的作用。现将各种常规测量仪器(水准仪、经纬仪等)、测量工具和光电测量仪器的正确使用与维护方法分述如下。

一、常规测量仪器的正确使用与保护方法

(1)领取仪器时,应先检查仪器箱是否盖好并扣紧,提环、背带是否牢固。携带仪器时,应注意保护仪器不受碰撞和震动。

(2)从仪器箱内取出仪器时,应记清仪器在箱内的安放位置,以便放回时不发生困难。

(3)取出仪器时,不可用手拿仪器望远镜或竖盘,应一手持仪器基座或支架等坚实部位,一手托住仪器,并注意做到轻取轻放。

(4)将仪器安置在三脚架上,在中心连接螺旋连接好之前,不能松手,以防仪器从三脚架上摔下。

(5)仪器架好后,必须有专人保护,特别是在街道、施工场地等人来人往处实验时,更应注意保护仪器。

(6)开始操作前,三脚架的脚尖必须牢固地插入土中,在坚硬的地面(如水泥路面)处要特别注意保护三脚架不致移动。

(7)操作仪器要手轻心细,各制动螺旋不要拧得太紧。仪器制动后,切不可用力转动仪器被制动的部位,以免损坏仪器轴系机构,各微动螺旋不可旋至极端位置。千万不可拧动仪器轴座固定螺旋,以防仪器松开或掉下。

(8)如仪器某部位失灵或发生故障,切不可强行扳动,更不得任意拆卸或自行处理,应及时报告实验指导教师。

(9)勿使仪器淋雨或暴晒。打伞观测时,应注意防范大风吹动测伞,以免撞坏仪器。

(10)仪器光学部分(包括物镜、目镜、放大镜等)有灰尘或水汽时,严禁用手、手帕或纸张去擦,应报告指导教师,用专用工具处理。

(11)远距离搬迁仪器时,必须将仪器取下,装回仪器箱中进行搬迁;近距离搬迁仪器时,可将仪器制动螺旋松开(万一仪器被撞,可自由转动以免严重损坏),收拢三脚架,连同仪器一并夹于腋下,一手托住仪器一手抱住三脚架,并使仪器在上、脚架在下呈微倾斜状态进行搬迁,切不可将仪器扛在肩上搬迁。

(12)实验完毕后,应先检查仪器零件是否齐全,然后松开制动螺旋,将所有的微动螺旋旋至中央位置,按原样慢慢地将仪器放回箱中,关好仪器箱并立即上锁。注意当仪器箱关不上时不可强行关箱。

二、测量工具的正确使用与保护方法

(1)钢尺、皮尺不可足踏或让车辆压过,不得在地面上拖拉尺子,以防尺子着水并弄脏,尺子使用后,应及时擦去泥垢并涂油防锈。

(2)钢尺拉出和卷入时不应过快,否则易出现拉不出或卷不进等故障。

(3)钢尺性脆易断,不可抛掷,更不可弯折,拉紧钢尺时,尺身应平直,不得有扭结。

(4)拉紧皮尺时,用力不可过大,以恰好拉直为宜。

(5)水准尺、钢尺及皮尺等应注意保护尺身刻度标记(本书简称刻划)不受磨损。

(6)水准尺、花杆、测伞及三脚架等均不能斜靠在墙面上或树上,以防倒下摔坏,要平放在地面上或可靠的墙角处。不得用其抬物或垫坐,以防弯曲。

(7)勿用垂球尖冲击地面,以防球尖碰坏。

(8)不得拿任何测量工具进行玩耍。

三、全站仪及其他光电仪器的正确使用与保护方法

电子经纬仪、电磁波测距仪、全站仪、GPS 接收机等光电测量仪器,除应按上述普通光学仪器进行使用和保养外,还应按电子仪器的有关要求进行使用和保养。特别应注意以下几点:

(1)尽量选择在大气稳定、通视良好的时候观测。

(2)避免在潮湿、肮脏、强阳光下以及热源附近充电,电池应放完电后再充电,长期不用时也应放完电后存放。

(3)不要把仪器存放在湿热环境下。使用前,要及时打开仪器箱,使仪器与外界温度一致。应避免温度骤变使镜头起雾,从而影响观测成果质量和工作效率(如全站仪会缩短仪器测程)。

(4)观测时,不要将望远镜直视太阳。

(5)观测时,应尽量避免日光持续暴晒或靠近车辆热源,以免降低仪器精度和效率。

(6)使用测距仪或全站仪望远镜瞄准反射棱镜进行观测时,应尽量避免在视场内存在其他反射面如交通信号灯、猫眼反射器、玻璃镜等。

(7)在潮湿的地方进行观测时,观测完毕将仪器装箱前,要立即彻底除湿,使仪器完全干燥。

(8)要养成及时关闭电源的良好习惯。在进行仪器拆卸时,一定要关闭电源。一般电子仪器的微处理器(电子手簿)都有内置电池,不会因为关闭电源而丢失数据。另外,长时间不观测又不关电源时,不仅会浪费电量,而且容易误操作,引起数据破坏或丢失。

第三节　测量记录与计算的注意事项

一、测量记录注意事项

(1)记录时文字用正楷字体。

(2)测量观测数据须用 2H 或 3H 铅笔记入正式表格,不得先记在草稿纸上,然后抄写。严禁实验时不记录,实验结束后凭记忆回忆数据,记入表格。

(3)记录前须填写实验日期、天气、仪器号码、班级、组别、观测者、记录者等观测手簿的表头内容。

(4)记录者在观测者报出观测数据并准备记录数据前,应先将观测数据复读(即回报)一遍,让观测者听清楚,以防出现听错或记错现象。

(5)测量记录应书写工整,不得潦草,要保证实验记录清楚整洁、正确无误。

(6)禁止擦拭、涂改和挖补数据。记录数字如有差错,不准用橡皮擦去,也不准在原数字上涂改,应根据具体情况进行改正:如果是米、分米或度位数字读(记)错,则可在错误数字上画一斜线,保持数据部分的字迹清楚,同时将正确数字记在其上方;如为厘米、毫米、分或秒位数字读(记)错,则该读数无效,应将本站或本测回的全部数据用斜线画去,保持数据部分的字迹清楚,并在备注栏中注明原因,然后重新观测,并重新记录。测量过程中,不准更改的测量数据数位及应重测的范围的规定见表 1-1。

表 1-1　不得更改的测量数据数位及应重测的范围

测量种类	不准更改的数位	应重测的范围
水准	厘米及毫米的读数	该测站
水平角	分及秒的读数	该测回
竖直角	分及秒的读数	该测回
量距	厘米及毫米的读数	该尺段

(7)严禁连环更改数据。如已修改了算术平均值,则不能再改动计算算术平均值的任何一个原始数据;若已更改了某个观测值,则不能再更改其算术平均值。

(8)记录数字要正确反映观测精度。对于要求读到毫米位的,若读数为 1 m 2 dm 6 cm,应记成 1 260,不能记成 126;同理,如要求读到厘米,应记成 126,而不应记成 1 260。角度测量时,“度”最多三位,最少一位,“分”和“秒”各占两位,如读数是 0°2′4″,应记成 0°02′04″。测量数据记录位数规定见表 1-2。

表 1-2　测量数据精确单位及应记录的位数

测量种类	数字单位	记录字数的位数
水准	mm	4 个
角度的分	(′)	2 个
角度的秒	(″)	2 个

二、测量计算注意事项

(1)测量计算时,数字进位应按照“四舍六入五凑偶”的原则进行。如要求精确到个位数,下列数据的最后结果分别是:123.4→123,123.6→124,124.5→124,123.5→124。

(2)测量计算时,数字的取位规定:水准测量视距应取位至 0.1 m,视距总和取位至0.01 km,高差中数取位至 0.1 mm,高差总和取位至 1.0 mm,角度测量的秒取位至 1.0″。

(3)观测手簿中,对于有正、负意义的量,记录计算时,一定要带上“+”号或“-”号,“+”号不能省略。

(4)简单计算,如平均值、方向值、高差(程)等,应边记录边计算,以便超限时能及时发现问题并立即重测;较为复杂的计算,可在实验完成后及时算出。

(5)实验计算必须仔细认真。测量实验时,严禁任何因超限等原因而更改观测记录数据,一经发现,将取消实验成绩并严肃处理。

第四节　测量上常用的计量单位及其换算

测量上，常用的计量单位主要涉及角度、长度和面积三种，其单位制及换算关系分别见表 1-3 ~ 表 1-5。

表 1-3　角度单位及其换算关系

60 进制	弧度制
1 圆周 = 360°(度) 1° = 60′(分) 1′ = 60″(秒)	1 圆周 = 2π rad(弧度) 1 rad = 360°/2π = $\rho°$ ≈ 57.3° = ρ' ≈ 3 438′ = ρ'' ≈ 206 265″

表 1-4　长度单位及其换算关系

公制	市制	英制
1 km(千米) = 1 000 m(米) = 0.621 mi(英里) = 0.540 海里 1 m = 10 dm(分米) = 3 尺 = 3.281 ft(英尺) 1 dm = 10 cm(厘米) 1 cm = 10 mm(毫米) 1 mm = 1 000 μm(微米) 1 μm = 1 000 nm(纳米)	1 里 = 150 丈 = 0.5 km = 0.311 mi 1 丈 = 10 尺 1 尺 = 10 寸 = 0.333 m = 1.094 ft 1 寸 = 10 分 1 分 = 10 厘 1 厘 = 10 毫	1 mi(英里) = 1 760 yd(英码) = 1.609 km(千米) = 3.218 里 = 0.869 海里 1 yd = 3 ft(英尺) 1 ft = 12 in(英寸) = 0.305 m = 0.914 尺 1 in = 2.540 cm(厘米) = 0.762 寸

注：海里、英尺、英寸在我国法定计量单位中已淘汰，公尺、公寸、公分等名称不规范，应改称米、分米、厘米；里，又称市里或华里，仍可使用，但不是规范用法。

表 1-5　面积单位及其换算关系

公制	市制	英制
1 km^2(平方千米) = 1 000 000 m^2(平方米) = 100 hm^2(公顷) = 1 500 亩 = 247.11 英亩	1 hm^2(公顷) = 15 亩 = 10 000 m^2(平方米) = 2.471 英亩 1 亩 = 10 分 = 666.667 m^2 1 分 = 10 厘 = 100 毫	1 mi^2(平方英里) = 640 英亩 = 2.590 km^2(平方千米) 1 英亩 = 0.405 hm^2(公顷) = 6.070 亩

注：公顷的单位符号用“hm^2”表示（其中 h 表示百米），含义就是百米的平方（英文为 square hectometer）。另外，公顷还可以用 ha 表示，是面积单位公顷（hectare）的英文缩写，但国内不推荐使用 ha。

第五节 测量实验室实验项目介绍

测量学课程是海南大学跨学院多个专业(非测绘专业)的一门必修课程,也是一门操作性很强的技术课程。作为测量理论知识的重要补充,测量实验和教学实习工作必不可少。因此,重视测量实验课的学习,掌握测量仪器的操作技能,努力将测量理论知识与工程实践紧密结合起来,是测量学课程学习的一个重要方面。

根据海南大学测量学课程的教学特点和培养目标要求,考虑到测量实践教学的需要,将测量实验的目的和要求、实验的方法和步骤、测量仪器的操作、实验注意事项等测量实验指导内容集结成章,以供学生参考和教师更好地指导学生开展实验。

为配合实验室的开放工作,现将测量实验室可开设的基本实验、设计性实验和综合性实验列出来,以供学生选做。

基本实验项目与教学学时分配见表1-6,设计性实验项目与教学学时分配见表1-7,综合性实验项目与教学学时分配见表1-8。

表1-6 基本实验项目与教学学时分配

序号	实验项目名称	实验学时	大作业学时
1	水准仪的认识与使用	2	
2	等外水准测量	2	
3	三、四等水准测量	2	
4	水准仪的检验与校正	2	
5	经纬仪的认识与使用	2	
6	测回法水平角观测	2	
7	全圆方向法水平角观测	2	
8	中丝法竖直角观测	2	
9	光学经纬仪的检验和校正	2	
10	距离丈量与磁方位角的测定	2	
11	视距测量	2	
12	经纬仪测绘法测绘地形图	2	
13	极坐标法测设点的平面位置	2	
14	测设已知高程和已知坡度线	2	
15	全站仪的认识与使用	2	
16	附合(闭合)导线的计算		2
17	解析法面积计算		1
18	地形断面图的绘制		2

表1-7 设计性实验项目与教学学时分配

序号	实验项目名称	学时
1	经纬仪配钢尺偏角法测设圆曲线主点与碎部点	3
2	全站仪极坐标法测设圆曲线主点与碎部点	3
3	全站仪竖盘指标差与补偿器的检验与校正	2
4	全站仪与电脑的数据传输	2

表 1-8　综合性实验项目与教学学时分配

序号	实验项目名称	学时
1	电子水准仪的使用与二等水准测量	4
2	建筑物平面位置的测设(使用全站仪)	4
3	圆弧形建筑物的测设	4
4	数字化地形图的测绘(草图法)	4
5	利用数字化成图软件计算土方量	4
6	附合(闭合)导线测量	4

第二章　测量实验及课堂作业

实验一　水准仪的认识与使用

水准测量是测定地面点高程的主要方法，水准测量使用的仪器有微倾式水准仪、自动安平水准仪和电子水准仪。

一、实验目的

(1)认识和熟悉水准仪的基本构造、各部件的名称及作用、水准尺和尺垫的构造和使用方法。

(2)练习水准仪的安置、整平、瞄准及读数方法。

(3)测定地面上两点间的高差。

二、实验要求

每人安置一至两次水准仪，测定地面上两点间的高差。

三、实验仪器及工具

(1) DS_3 级水准仪一台，水准尺一对，尺垫一对，记录板一个。

(2)自备 2H 或 3H 铅笔一支。

四、实验方法和步骤

(一)水准仪

认识水准仪各部件的名称、作用并熟悉其使用方法，同时弄清水准尺的分划与注记，掌握读数方法。

1. 微倾式水准仪

图 2-1 为 DS_3 级微倾式水准仪的外形及各部件名称。

2. 自动安平水准仪

自动安平水准仪是一种不用符合水准器和微倾螺旋，只用圆水准器粗略整平，然后借助安平补偿器自动把视准轴置平，读出视线水平时的读数的水准仪。可提高观测速度 40%，防止观测者的疏忽，减小外界条件对测量成果的影响，是水准仪的发展方向。自动安平水准仪的使用方法与微倾式水准仪完全一样，只不过是不用精平这一步即可读数。图 2-2 为苏州一光仪器有限公司生产的 NAL132 型自动安平水准仪的外形及各部件名称。图 2-3 为瑞士徕卡生产的 NA2 型自动安平水准仪。

3. 电子水准仪

电子水准仪又称为数字水准仪，配套使用编码水准尺。可测高差、距离、水平角，并有强

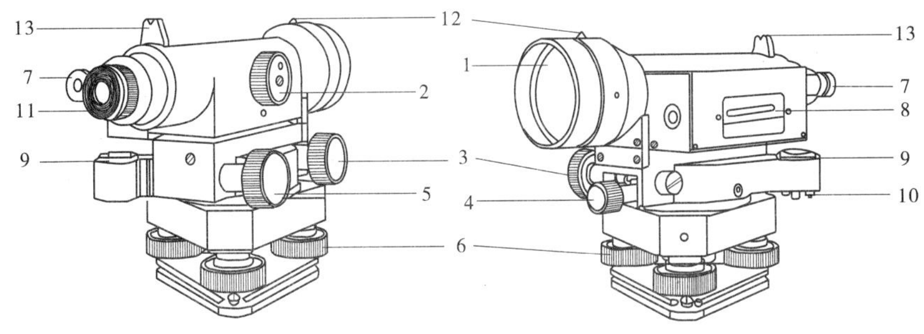

1—物镜;2—物镜调焦螺旋;3—微动螺旋;4—制动螺旋;5—微倾螺旋;
6—脚螺旋;7—管水准气泡观察窗;8—管水准器;9—圆水准器;
10—圆水准器校正螺丝;11—目镜;12—准星;13—照门

图 2-1　微倾式水准仪

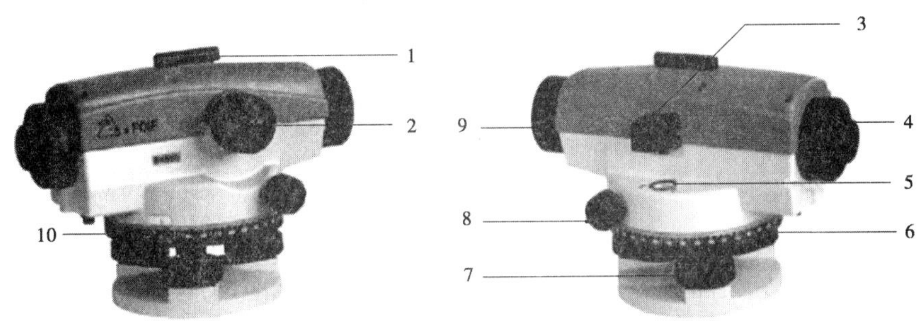

1—粗瞄准器;2—调焦手轮;3—水准气泡反光镜;4—目镜;5—圆水准气泡;
6—检查按钮;7—脚螺旋;8—微动手轮;9—物镜;10—度盘

图 2-2　苏州一光 NAL132 型自动安平水准仪的外形及各部件名称

大的内存功能,可存储几千个点的数据,不必携带存储卡或数据采集器即可完成测量工作。数字显示可避免读数等传统测量中的人为误差,从而使水准仪也进入了电子时代。图 2-4 为瑞士徕卡生产的 DNA 系列中文数字水准仪。

图 2-3　徕卡 NA2 型自动安平水准仪

图 2-4　徕卡 DNA 系列中文数字水准仪

（二）水准仪的使用

1. 微倾式水准仪的使用

1）安置仪器

松开三脚架，调节脚架长度，拧紧脚架固定螺旋。安放三脚架时应使三脚架架头大致水平，然后装上水准仪，拧紧中心连接螺丝。

2）粗平

水准仪的粗平是通过旋转仪器的脚螺旋使圆水准气泡居中而达到的。如图 2-5 所示，按“左手拇指规则”旋转一对脚螺旋（见图 2-5（a））和另一个脚螺旋（见图 2-5（b）），使气泡居中。这是置平仪器的基本功，必须反复练习。

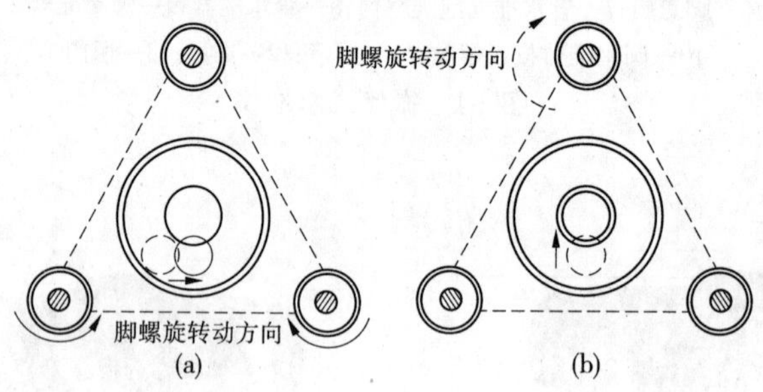

图 2-5　圆水准气泡的居中

3）瞄准

转动目镜调焦螺旋，看清十字丝。利用准星和照门粗瞄水准尺，再转动物镜调焦螺旋看清水准尺影像，消除视差，转动水平微动螺旋利用十字丝精确照准水准尺。

4）精平

转动微倾螺旋，从目镜旁的气泡观察窗中可以看到气泡的两个半边的影像，如图 2-6 所示，当两端的影像符合时，长水准管气泡居中。

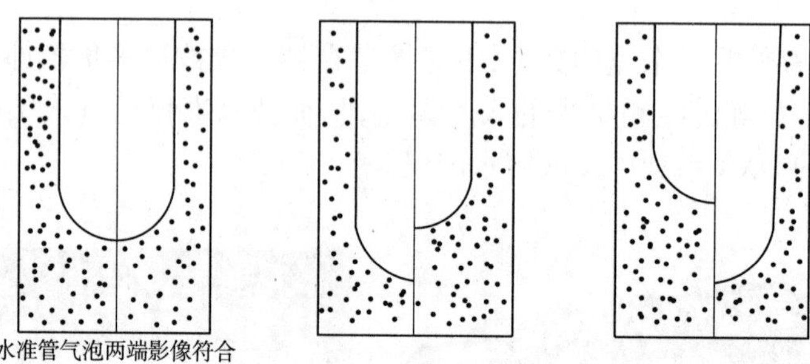

图 2-6　水准管气泡的居中

5）读数

用中丝在水准尺上读取 4 位读数，即米、分米、厘米、毫米。读数时应先估出毫米数，然后按米、分米、厘米、毫米，一次读出四位数。

综上所述，微倾式水准仪的基本操作程序可以简单地归纳如下：安置—粗平—瞄准—精平—读数。

2. 自动安平水准仪的使用

1) 安装和整平仪器

对于自动安平水准仪来说，当圆水准气泡居中时，仪器即被安平了，此时视线自动安置成水平状态。

2) 补偿器的检查方法

仪器在圆水准气泡居中时瞄准一目标，把检查按钮按到底并马上放掉，同时观察目标，若标尺像摆动后水平丝回复原位，则补偿器处于正常状态，视线水平。

如果圆水准气泡偏离中心，当按检查按钮时，标尺像不是正常摆动，而是急促短暂地跳动，表明补偿器超出工作范围碰到限位丝，必须将仪器整平，使水准气泡居中。

3) 瞄准和调焦

用粗瞄器观察，使仪器望远镜粗略地瞄准水准尺。旋转调焦手轮，直到标尺像无视差并清晰成像于分划板上。旋转微动手轮，将分划板竖丝正确地置于标尺中间。

综上所述，自动安平水准仪的基本操作程序可以简单地归纳如下：安置—粗平—瞄准—读数。

（三）测定地面上两点间的高差

(1) 如图 2-7 所示，在地面上选定 A、B 两个坚固的点，并在点上立水准尺。

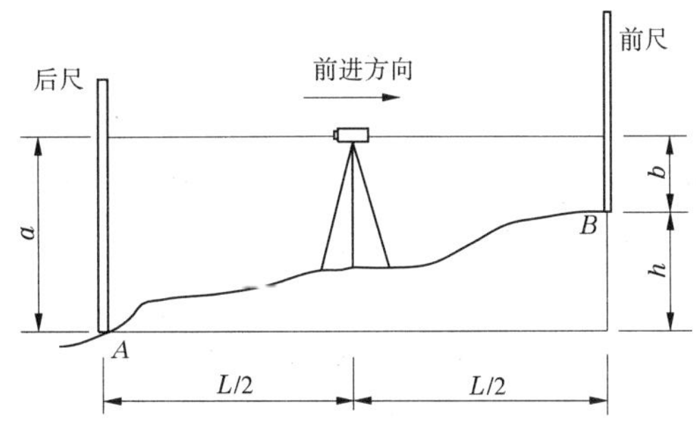

图 2-7　高差测量

(2) 在 A、B 两点间安置水准仪，并使仪器至两点间的距离大致相等。

(3) 瞄准 A 点上的水准尺，精平后读取后视读数 a，记入观测记录表中。

(4) 瞄准 B 点上的水准尺，精平后读取前视读数 b，记入观测记录表中。

(5) 计算 A、B 两点间的高差，$h_{AB}=a-b=$ 后视读数 − 前视读数，记入观测记录表中。

五、实验报告

将实验数据填入水准仪的使用观测手簿，并完成高差的计算工作。

实验二　等外水准测量（变动仪器高法）

一、实验目的

(1) 掌握等外水准测量的观测、记录、计算与检核的方法。

(2) 进一步熟悉水准仪的使用方法。

二、实验要求

(1)由一个已知高程点(该点的点号和高程由教师给出)开始,经过若干个待定高程点 B、C、D 等,进行闭合水准测量,求出待定高程点 B、C、D 的高程。

(2)视距应小于 100 m,前后视距差应小于 10 m,高差闭合差的容许值为:

$$\text{平地} \qquad f_{\text{h容}} = \pm 40\sqrt{L}\ \text{mm} \tag{2-1}$$

或

$$\text{山地} \qquad f_{\text{h容}} = \pm 12\sqrt{n}\ \text{mm} \tag{2-2}$$

式中 L——水准路线的千米数;

n——测站数。

(3)测站检核可采用变动仪器高法或双面尺法,同一测站两次测量的高差之差不超过 ±5 mm。

(4)实验小组由 5 人组成,1 人观测、1 人记录、2 人扶尺、1 人打伞,轮换操作。

三、实验仪器及工具

(1)DS_3 级水准仪一台,水准尺一对,记录板一个,伞一把,尺垫一对。

(2)自备 2H 或 3H 铅笔一支。

四、方法和步骤

(1)在地面选定 B、C、D 三个坚固点作为待定高程点,BM08 为已知高程点,其高程值由教师提供。安置仪器于点 BM08 和转点 TP1 之间,目估前、后视距离大致相等,进行粗略整平和对光,测站编号为 1。

(2)后视 BM08 点上的水准尺,精平(自动安平水准仪无须精平)后读取后视读数 a_1,记入手簿。前视转点 TP1 上的水准尺,精平后读取前视读数 b_1,记入手簿。

(3)变动仪器高度 10 cm 以上,再次整平仪器,读取后视水准尺的读数 a_2 和前视水准尺的读数 b_2,记入手簿。

(4)计算测站高差:$h_1 = a_1 - b_1$,$h_2 = a_2 - b_2$。h_1 与 h_2 之差应不超过 ±5 mm,合格则取平均值作为第一站的高差测量值。

(5)同法继续进行,中间连测待定高程点 B、C、D 后返回原水准点 BM08。

(6)计算检核:

$$\sum a - \sum b = \sum 2h;\left(\sum a - \sum b\right)/2 = \sum h_{\text{平均}} \tag{2-3}$$

(7)高差闭合差的计算与调整:如果测站数较少,可按反符号平均分配的原则进行闭合差的调整,其他闭合差的调整方法详见教材。

(8)待定点高程的计算:根据已知高程点 BM08 的高程和各点间改正后的高差计算 B、C、D 三个点的高程。

五、实验注意事项

(1)对于微倾式水准仪,在每次读数之前,应使水准管气泡严格居中,并消除视差。自动安平水准仪无须精平。

(2)应使前、后视距离大致相等。

(3)在已知高程点和待定高程点上不能放置尺垫，转点用尺垫时，应将水准尺置于尺垫半圆球的顶点上。

(4)尺垫应踏入土中或置于坚硬地面上，在观测过程中不得碰动仪器和尺垫，迁站时应保护前视尺垫不得移动。

(5)水准尺必须扶直，不得前、后倾斜。

六、实验报告

将观测数据填入等外水准测量观测手簿，并完成等外水准测量成果计算。等外水准测量(变动仪器高法)的记录手簿和示例见表 2-1。

表 2-1　等外水准测量观测手簿(变动仪器高法)

自 BM08 测至 BM08 日期 2016 年 3 月 20 日 仪器型号 NAL132 仪器号 170154

班级 2014 土木 5 班 小组号 1 天气 多云 观测者 ××× 记录者 ×××

<table>
<tr><th rowspan="2">测站</th><th rowspan="2">测点</th><th colspan="2">水准尺读数(m)</th><th rowspan="2">高差(m)
h_1/h_2</th><th rowspan="2">平均
高差
$h_{平均}$</th><th rowspan="2">改正数
(mm)</th><th rowspan="2">改正后
高差(m)</th><th rowspan="2">高程(m)</th></tr>
<tr><th>后视读数
a_1/a_2</th><th>前视读数
b_1/b_2</th></tr>
<tr><td rowspan="4">1</td><td rowspan="2">BM08</td><td>1.491</td><td rowspan="2"></td><td rowspan="2">+0.286</td><td rowspan="4">0.286 5</td><td rowspan="4">+1</td><td rowspan="4">+0.287 5</td><td rowspan="2">3.500</td></tr>
<tr><td>1.462</td></tr>
<tr><td rowspan="2">TP1</td><td rowspan="2"></td><td>1.205</td><td rowspan="2">+0.287</td><td rowspan="4">3.787 5</td></tr>
<tr><td>1.175</td></tr>
<tr><td rowspan="4">2</td><td rowspan="2">TP1</td><td>1.390</td><td rowspan="2"></td><td rowspan="2">−0.027</td><td rowspan="4">−0.025 0</td><td rowspan="4">+1</td><td rowspan="4">−0.024 0</td></tr>
<tr><td>1.374</td></tr>
<tr><td rowspan="2">TP2</td><td rowspan="2"></td><td>1.417</td><td rowspan="2">−0.023</td><td rowspan="4">3.763 5</td></tr>
<tr><td>1.397</td></tr>
<tr><td rowspan="4">3</td><td rowspan="2">TP2</td><td>1.381</td><td rowspan="2"></td><td rowspan="2">−0.051</td><td rowspan="4">−0.051 5</td><td rowspan="4">+1</td><td rowspan="4">−0.050 5</td></tr>
<tr><td>1.405</td></tr>
<tr><td rowspan="2">TP3</td><td rowspan="2"></td><td>1.432</td><td rowspan="2">−0.052</td><td rowspan="4">3.713 0</td></tr>
<tr><td>1.457</td></tr>
<tr><td rowspan="4">4</td><td rowspan="2">TP3</td><td>1.218</td><td rowspan="2"></td><td rowspan="2">−0.214</td><td rowspan="4">−0.214 0</td><td rowspan="4">+1</td><td rowspan="4">−0.213 0</td></tr>
<tr><td>1.161</td></tr>
<tr><td rowspan="2">BM08</td><td rowspan="2"></td><td>1.432</td><td rowspan="2">−0.214</td><td rowspan="2">3.500 0</td></tr>
<tr><td>1.375</td></tr>
<tr><td></td><td>∑</td><td>10.882</td><td>10.890</td><td>−0.008</td><td>−0.004</td><td>+4</td><td>0</td><td></td></tr>
<tr><td colspan="2">计算校核</td><td colspan="7">$\sum a-\sum b=-0.008$ m　　$(\sum a-\sum b)/2=-0.004$ m
$\sum 2h=-0.008$ m　　$\sum h=-0.004$ m　　$H_{终}-H_{始}=0$</td></tr>
<tr><td colspan="2">成果校核</td><td colspan="7">$f_h=-0.004\ \text{m}<f_{h容}=\pm 12\sqrt{n}(\text{mm})=\pm 24$ mm</td></tr>
</table>

实验三　三、四等水准测量

一、实验目的

(1)练习并掌握三、四等水准测量(双面尺法)的观测、记录及计算方法。

(2)进一步熟练水准仪的操作。

二、实验要求

(1)用双面尺法观测一条长约500 m的闭合水准路线。

(2)三、四等水准测量的测站技术要求见表2-2。

表2-2　三、四等水准测量的测站技术要求

等级	视线长度(m)	前后视距差(m)	前后视距累积差(m)	红黑面读数差(mm)	红黑面所测高差之差(mm)
三等	≤65	≤3	≤6	≤2	≤3
四等	≤80	≤5	≤10	≤3	≤5

三、实验仪器及工具

(1)DS_3级水准仪一台,水准尺一对,记录板一个,伞一把,尺垫一对。

(2)自备2H或3H铅笔一支。

四、实验方法和步骤

(一)选定水准测量路线

选择控制点BM08为已知高程起始点(其高程可由教师给出),选择一条闭合水准路线设站观测。三、四等水准测量的观测应在通视良好、成像清晰稳定的情况下进行。

(二)测站观测顺序

三等水准为"后前前后"、四等水准为"后后前前"。下面以"后前前后"为例叙述测站观测顺序。

后视黑面尺,分别读取上、下、中丝读数(1)、(2)、(3)并记入观测手簿。

前视黑面尺,分别读取上、下、中丝读数(4)、(5)、(6)并记入观测手簿。

前视红面尺,读取中丝读数(7)并记入观测手簿。

后视红面尺,读取中丝读数(8)并记入观测手簿。

（三）测站计算与校核

1. 视距部分

$$后视距\ (9) = (1) - (2)$$

$$前视距(10) = (4) - (5)$$

$$前、后视距差\ (11) = (9) - (10)$$

$$前、后视距累积差\ (12) = 上站(12) + 本站(11)$$

应该注意的是，三等水准：(11)的值应≤3 m，(12)的值应≤6 m；四等水准：(11)的值应≤5 m，(12)的值应≤10 m。

2. 同一水准尺黑、红面中丝读数的校核

$$(13) = (6) + K - (7)$$

$$(14) = (3) + K - (8)$$

式中　K——水准尺黑、红面常数差(4.687 或 4.787)。

(13)、(14)的值，三等水准应≤2 mm，四等水准应≤3 mm。

3. 计算黑、红面的观测高差

$$(15) = (3) - (6)$$

$$(16) = (8) - (7)$$

检验　$(17) = (15) - [(16) \pm 0.100] = (14) - (13)$

式中　0.100——两根水准尺 K 值之差，m。

应该注意的是，(17)的值，三等水准应≤3 mm，四等水准应≤5 mm。

4. 计算平均高差

$$(18) = \frac{1}{2}\{(15) + [(16) \pm 0.100]\}$$

（四）线路计算与校核

1. 高差部分

当测站数为偶数时，校核公式为：

$$\sum[(3) + (8)] - \sum[(6) + (7)] = \sum[(15) + (16)] = 2\sum(18)$$

当测站数为奇数时，校核公式为：

$$\sum[(3) + (8)] - \sum[(6) + (7)] = \sum[(15) + (16)] = 2\sum(18) \pm 0.100$$

2. 视距部分

$$\sum(9) - \sum(10) = 末站(12)$$

$$总视距 = \sum(9) + \sum(10)$$

（五）成果计算

计算方法参见教材中有关内容。

五、实验报告

将观测数据填入三、四等水准测量观测手簿，并完成水准测量成果计算表。三、四等水准测量的记录手簿和示例见表 2-3。

表 2-3　三、四等水准测量观测手簿

自 BM08 测至 BM08 观测者：______ 记录者：______ 仪器型号：NAL132

2013 年 9 月 20 日 天气：晴 开始 8 时 结束 9 时 成像 清晰稳定

测站编号	点号	后尺 上丝 / 下丝 / 后距 / 视距差 d	前尺 上丝 / 下丝 / 前距 / Σ	方向及尺号	标尺读数		K 加黑减红	高差中数	备注
					黑面	红面			
		(1)	(4)	后	(3)	(8)	(14)		
		(2)	(5)	前	(6)	(7)	(13)		
		(9)	(10)	后－前	(15)	(16)	(17)	(18)	
		(11)	(12)						
1	BM08	1690	1458	后	1310	6098	－1		
	|	0930	0680	前	1070	5756	＋1		
	|	76.0	77.8	后－前	＋0.240	＋0.342	－2	＋0.2410	
	TP1	－1.8	－1.8						
2	TP1	1530	1830	后	1165	5852	0		
	|	0802	1130	前	1471	6257	＋1		
	|	72.8	70.0	后－前	－0.306	－0.405	－1	－0.3055	
	TP2	＋2.8	＋1.0						
3	TP2	1710	1638	后	1306	6094	－1		$K=4787$
	|	0900	0870	前	1255	5941	＋1		$K=4687$
	|	81.0	76.8	后－前	＋0.051	＋0.153	－2	＋0.0520	
	TP3	＋4.2	＋5.2						
4	TP3	1649	1622	后	1267	5954	0		
	|	0886	0882	前	1252	6040	－1		
	|	76.3	74.0	后－前	＋0.015	－0.086	＋1	＋0.0145	
	BM08	＋2.3	＋7.5						
每页校核	Σ(9)＝306.1 －) Σ(10)＝298.6 ＝＋7.5 ＝4 站(12) 总视距 Σ(9)＋Σ(10)＝604.7m		Σ[(3)＋(8)]＝29046 －) Σ[(6)＋(7)]＝29042 ＝＋0.004			Σ[(15)＋(16)] ＝＋0.004 Σ(18)＝＋0.002 2Σ(18)＝＋0.004			

实验四　水准仪的检验与校正

一、实验目的

(1)了解水准仪各轴线间应满足的几何条件，图 2-8 是微倾式水准仪轴线简图。

(2)掌握 DS_3 级水准仪检验与校正的方法。

二、实验要求

要求校正后的 i 角不得超过 ±20″，其他条件检校到无明显偏差为止。

三、实验仪器及工具

(1)DS_3 级水准仪一台,水准尺一对,记录板一个,伞一把,尺垫一对,木桩二个,拨针一根,锤子一把。

(2)自备 2H 或 3H 铅笔一支。

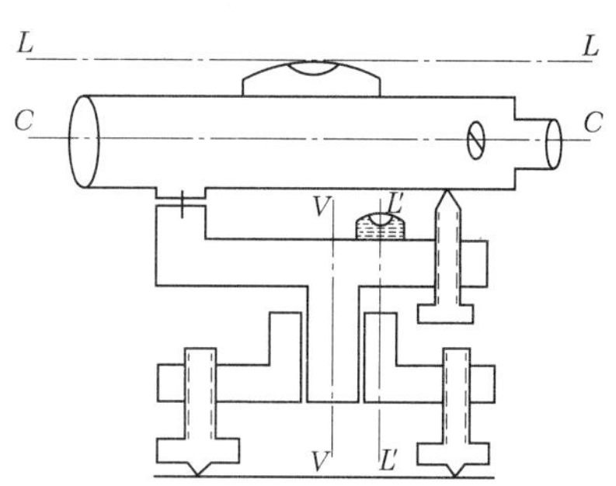

图 2-8 微倾式水准仪轴线关系

四、实验方法和步骤

(一)一般性检验

一般性检验是对仪器的机械转动机构、光学成像情况、各零部件进行初步检查,判别是否影响仪器的正常使用。

(二)圆水准器轴平行于竖轴的检验与校正

1. 检验

在任何位置调整圆水准气泡居中,将仪器旋转 180°,若气泡偏离圆圈,则需要校正。

2. 校正

调整圆水准器底部的校正螺丝,使气泡向居中方向退回偏离量的一半,再用脚螺旋使气泡居中。如此反复检校直到圆水准器转到任何位置气泡都居中。

(三)十字丝横丝垂直于竖轴的检验与校正

1. 检验

如图 2-9(a)所示,仪器整平后,用横丝一端瞄准远处一固定点,转动水平微动螺旋,若该固定点始终在横丝上移动,说明条件满足,否则需校正。

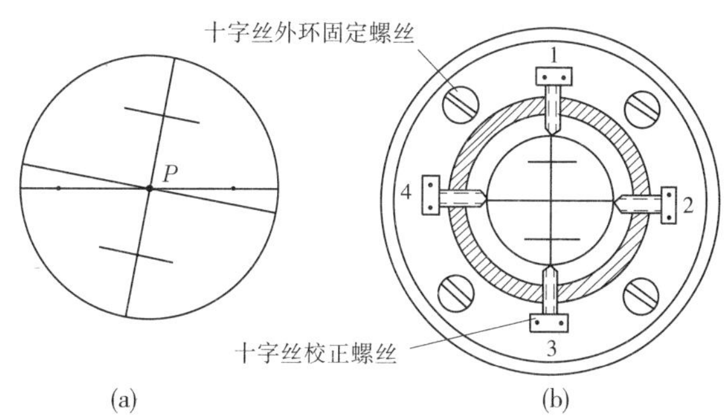

图 2-9 十字丝横丝垂直于竖轴的检验与校正

2. 校正

如图 2-9(b)所示,旋下目镜护罩,松开目镜座四个固定螺丝,微微旋转目镜座,使该固定点与横丝重合,最后拧紧四个固定螺丝,盖上护罩即可。

(四)视准轴平行于水准管轴的检验与校正

1. 检验

如图 2-10 所示,在相距 60 ~ 80 m 的 A、B 两点等距离处安置仪器,用变动仪器高法两次测得 A、B 的高差,若其差值不大于 3 mm,则取其平均值作为两点间的正确高差,用 $h_{AB正}$ 表示。

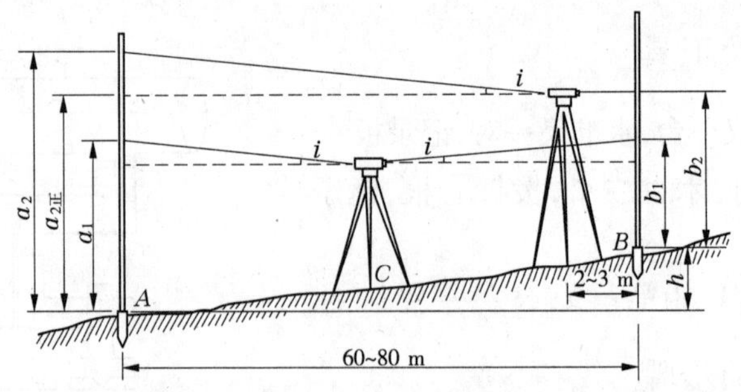

图 2-10 视准轴平行与水准管轴的检验与校正

搬仪器到 B 点附近(离 B 点 2 ~ 3 m),精平后读 A、B 点水准尺读数,设为 a_2 和 b_2,再根据 A、B 两点的正确高差算出 A 尺上应有读数 $a_{2正} = b_2 + h_{AB正}$,与 A 尺上的读数 a_2 比较,得误差为 $\Delta_h = a_2 - a_{2正}$,由此计算 i 角值

$$i = \frac{\Delta_h}{D_{AB}} \times \rho'' \tag{2-4}$$

式中 D_{AB}——A、B 两点间的距离;

$\rho'' = 206\ 265''$。

2. 校正

转动微倾螺旋,使十字丝的中丝对准 A 尺上的正确读数 $a_{2正}$,这时水准管气泡必然不居中,用拨针拨动水准管一端上、下两个校正螺丝,使气泡居中。反复检校,直到 i 不超过 ±20″。

(五)自动安平水准仪的检验与校正

圆水准器轴平行于竖轴的检验与校正和十字丝横丝垂直于竖轴的检验与校正同微倾式水准仪。

当圆水准气泡居中时,视准线是否水平的检验也与一般水准仪相同,但校正时只能校正十字丝。图 2-11 所示为卸去十字丝分划板外罩后所见十字丝校正螺丝和校正针的使用。

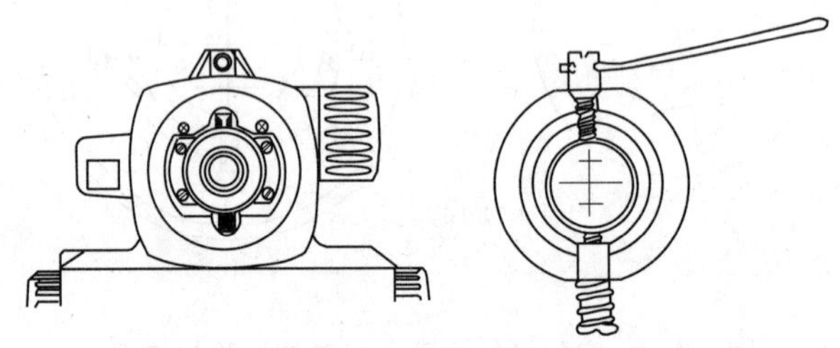

图 2-11 自动安平水准仪的十字丝校正螺丝

自动安平水准仪还应增加一项补偿器补偿功能正确性的检验。安置仪器,瞄准水准尺并读数,对于有补偿器检查按钮的自动安平水准仪,可按一下该按钮;对于没有该按钮的自动安平水准仪,可用手轻拍一下脚架,可看到十字丝产生震动,物像上下摆动,但如果很快能稳定下来,并且横丝仍瞄准原来的读数,则说明补偿器补偿功能正确。

五、注意事项

(1)检验仪器时,必须按上述的规定顺序进行,不能颠倒。

(2)拨水准管校正螺丝时,要先松后紧,松紧适当。

六、实验报告

将实验数据填入水准仪的检验与校正手簿。

实验五　经纬仪的认识与使用

经纬仪是用来测定水平角和竖直角的精密仪器,角度测量使用的仪器主要有光学经纬仪、电子经纬仪和电子全站仪。

一、实验目的

(1)认识经纬仪的基本构造及其主要部件的名称及作用。
(2)学习经纬仪的对中、整平、瞄准与读数的方法,并掌握基本操作要领。

二、实验要求

(1)每人安置一次经纬仪并读数二至三次。
(2)要求对中误差小于 3 mm,整平误差小于 1 格。

三、仪器和工具

(1)经纬仪或全站仪一台,木桩一个,伞一把,记录板一个,锤子一把。
(2)自备 2H 或 3H 铅笔一支。

四、实验方法和步骤

(一)经纬仪

1. 光学经纬仪

光学经纬仪是应用光学读数的方法来测定角度的。角度的测微原理有:6″光学经纬仪用分微尺测微器来读数,可以估读到 0. 1′,即 6″;2″光学经纬仪用双光楔光学测微器来读数,可以估读到 0. 1″。如图 2-12 所示,左侧为苏州一光仪器有限公司生产的 J2 – 2 光学经纬仪,中间和右侧为北京光学仪器厂生产的 TDJ2E 和 TDJ6E 光学经纬仪。

2. 电子经纬仪

电子经纬仪是一种集光机电技术于一体的测角仪器,电子经纬仪与光学经纬仪的根本区别在于它用微机控制的电子测角系统代替光学读数系统。如图 2-13 所示,为苏州一光仪器有限公司生产的 DT400 系列电子经纬仪。

(二)光学经纬仪的认识

认识光学经纬仪的构造,了解光学经纬仪各部件的名称、作用和使用方法。图 2-14 所示为南京 1002 厂生产的 J6E 型光学经纬仪的外观及部件名称。

(三)电子经纬仪的认识

认识电子经纬仪的构造,了解电子经纬仪各部件的名称、作用和使用方法。图 2-15 所示为苏州一光仪器有限公司生产的 DT400 系列电子经纬仪的外观及部件名称。

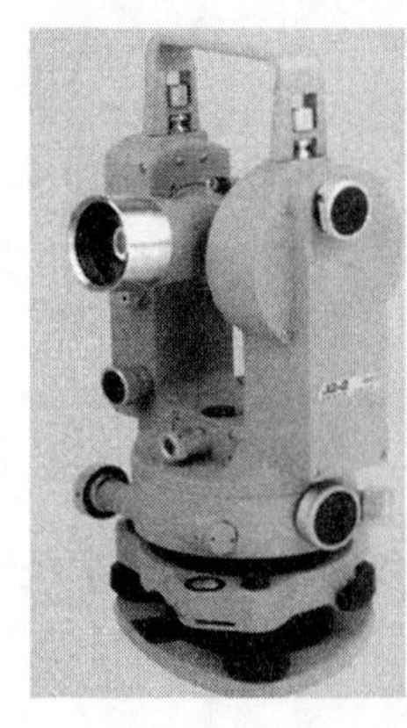
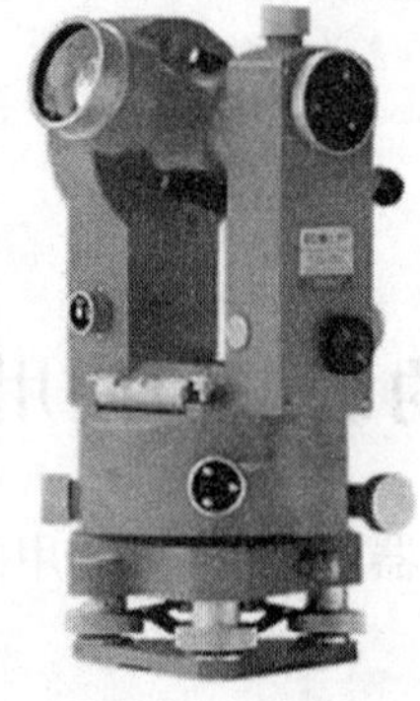

图 2-12　光学经纬仪

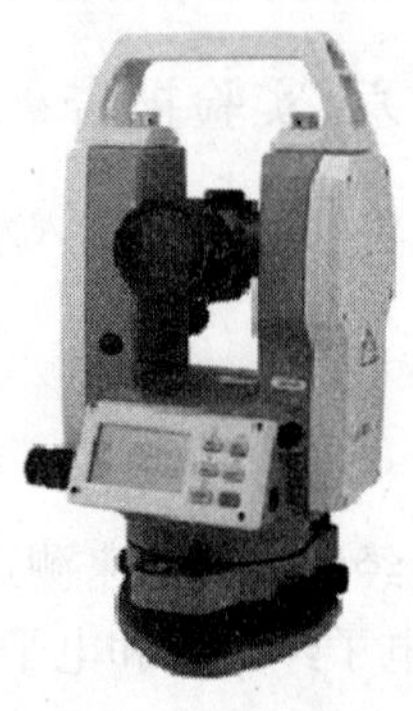

图 2-13　电子经纬仪

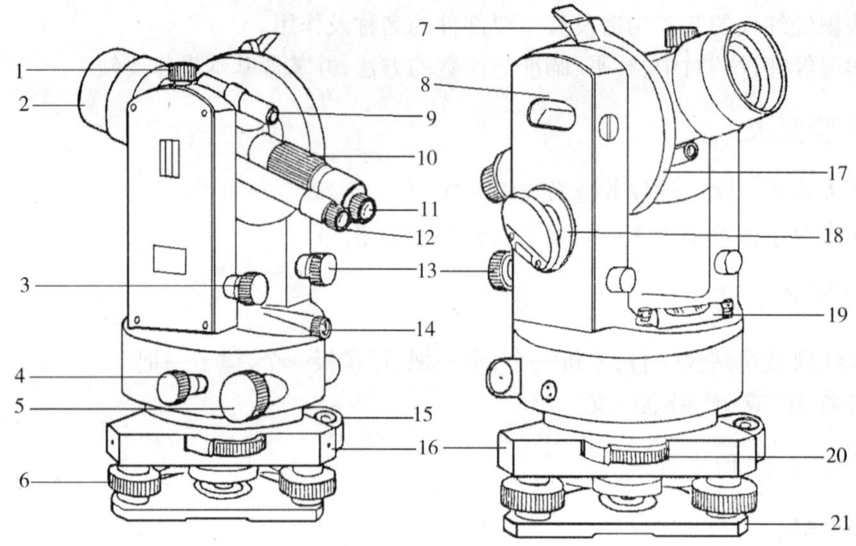

1—望远镜制动螺旋；2—望远镜物镜；3—望远镜微动螺旋；4—水平制动螺旋；5—水平微动螺旋；6—脚螺旋；7—竖盘水准管观测镜；8—竖盘水准管；9—瞄准器；10—物镜调焦环；11—望远镜目镜；12—度盘读数镜；13—竖盘水准管微动螺旋；14—光学对中器；15—圆水准器；16—基座；17—竖盘；18—度盘照明镜；19—照准部水准管；20—水平度盘位置变换轮；21—基座底板

图 2-14　J6E 型光学经纬仪的外观及部件名称

(四)经纬仪的安置

1. 对中

对中的目的是使仪器中心与测站点位于同一铅垂线上，方法有光学对中和激光对中两种方法。松开三脚架安置于测站上，使高度适当，架头大致水平，用连接螺丝将经纬仪连接在三脚架上，平移三脚架，使光学对中器的十字丝中心或激光对中器的激光点大致对准测站点，稍松开中心连接螺丝，在架头上平移仪器准确地对准测站点，然后旋紧中心连接螺丝。

2. 整平

整平的目的是使水平度盘水平，经纬仪的基座上有圆水准器，照准部上有管水准器，即长气泡，因此经纬仪的整平也分下列两步实现。

(1)粗平。根据圆水准气泡偏离中心的情况，按左手拇指规则转动脚螺旋，使圆水准气

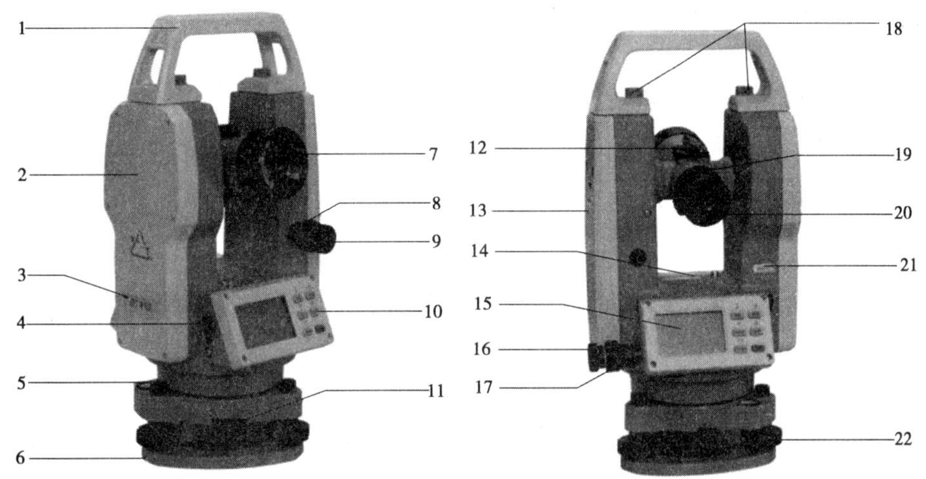

1—提手;2—仪器中心标志;3—仪器型号;4—通信端口;5—圆水准器;6—基座;7—物镜;8—垂直制动螺旋;
9—垂直微动螺旋;10—显示屏面板按键;11—基座锁紧旋钮;12—粗瞄准器;13—电池;14—长水准器;
15—显示屏;16—水平微动螺旋;17—水平制动螺旋;18—提手锁紧螺旋;19—望远镜调焦螺旋;20—目镜;
21—仪器出厂号码;22—脚螺旋

图 2-15　苏州一光 DT400 系列电子经纬仪的外观及部件名称

泡居中,方法与水准仪的粗平相同。

(2)精平。如图 2-16 所示,转动照准部,使长水准气泡平行于任意一对脚螺旋的连线,两手同时向内(或向外)转动这两只脚螺旋,使长水准气泡居中。将仪器绕竖轴转动 90°,使长水准气泡垂直于原来两只脚螺旋的连线,转动第三只脚螺旋,使气泡居中。如此反复进行,直到仪器转到任何方向,气泡中心不偏离水准管零点一格。

整平后应检查对中器是否还对准测站点,否则要再对中,再整平,直到仪器既对中又整平。

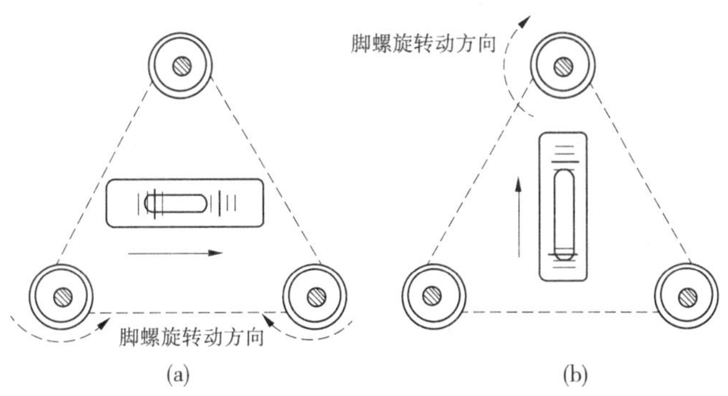

图 2-16　经纬仪的精平

3. 瞄准

将望远镜对向天空(或白色墙面),转动目镜使十字丝清晰。用望远镜上的瞄准器瞄准目标,再从望远镜中观看,若目标在视场内,可固定望远镜制动螺旋和水平制动螺旋。转动调焦螺旋使目标影像清晰,再调节水平微动螺旋和望远镜微动螺旋,用十字丝精确照准目标。眼睛微微左右上下移动,检查有无视差,若有,转动调焦螺旋予以消除。

测水平角时用竖丝瞄准,有单丝分和双丝夹两种方法,测竖直角时用横丝的单丝瞄准。

4. 经纬仪的快速对中整平法

(1)考虑观测姿势的舒适性,调节三脚架腿到合适的高度。将脚架置于地面标志点上方,尽可能将脚架面中心对准该地面点,如图 2-17 所示。

(2)旋紧中心连接螺丝,将基座及仪器固定到脚架上。

(3)仪器开机,打开激光对中器;光学对中器的仪器则调整对中器目镜看清对中器十字丝,调整对中器调焦螺旋看清楚地面物像。

(4)整体移动脚架腿 1,使激光点或光学对中器十字丝大致对准地面点位。

(5)转动基座脚螺旋,使激光点或光学对中器十字丝精确对准地面点位。

(6)伸缩脚架腿使圆水准器气泡居中。

(7)根据长水准气泡及电子水准器的指示,转动基座脚螺旋以精确整平仪器。

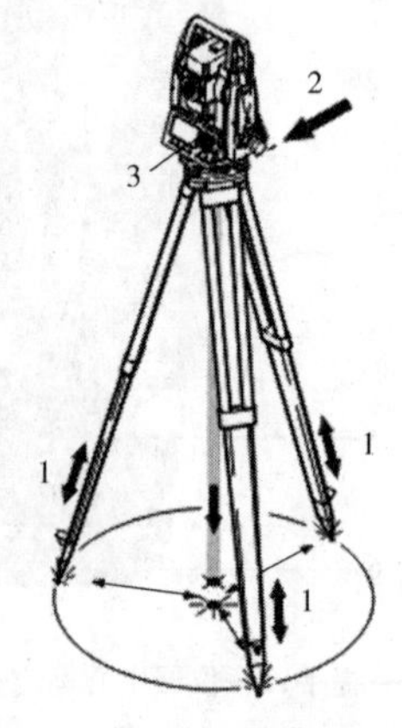

图 2-17　快速对中整平示意图

(8)松开中心螺丝,移动三脚架 2 上的基座,将仪器精确对准地面点,然后旋紧中心螺丝。

(9)重复第(7)步和第(8)步,直至完全整平对中。

5. 读数

1)光学经纬仪的读数方法

调节反光镜使读数窗亮度适中,旋转读数显微镜的目镜,使度盘及分微尺的刻划清晰,J6E 型光学经纬仪一般采用分微尺读数,如图 2-18 所示,标明“水平”为水平度盘读数(103°05.7′=103°05′42″);标明“竖直”为竖直度盘读数(85°33.4′=85°33′24″)。度盘的分微尺读数,估读到 0.1′,并化为秒数(即 6″的整倍数)。

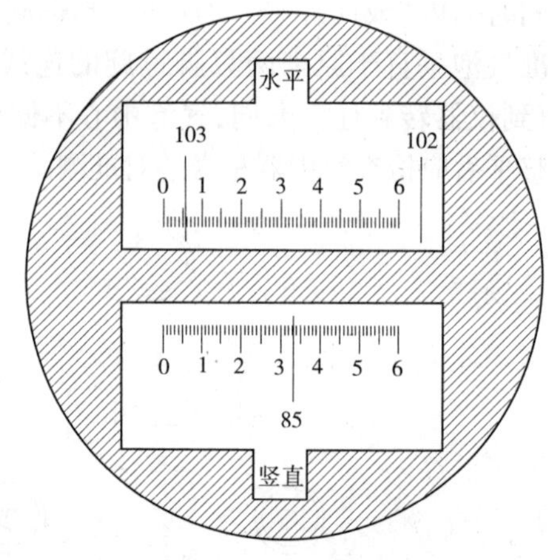

图 2-18　分微尺度盘的读数

盘左、盘右分别瞄准目标,分别读取水平度盘读数,两次读数之差约为 180°,以此检核瞄准和读数是否正确。

盘左、盘右分别瞄准目标,分别读取竖直度盘读数,两次读数之和约为 360°,以此检核瞄准和读数是否正确。

旋紧水平制动螺旋,打开度盘变换器护盖,转动水平度盘位置变换手轮,可使水平度盘的读数对准某一整数度数,例如 0°00′00″、90°00′00″等,最后关上保护盖。

2)电子经纬仪的读数方法

如图 2-19 所示为苏州一光 DT402L 型电子经纬仪的显示屏和按键,各按键的功能见表 2-4。对于电子经纬仪,仪器的度盘读数会自动显示在显示屏上,不用人工读数。

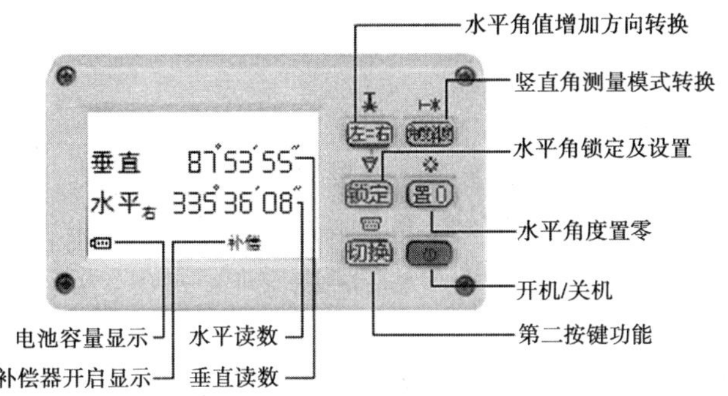

图 2-19　苏州一光 DT402L 型电子经纬仪的显示屏和按键

表 2-4　苏州一光 DT402L 电子经纬仪的按键功能

序号	名称	无切换时	切换状态时
1	左 ⇆ 右	左、右角增量方式	激光对中器开启/关闭
2	角度/斜度	角度/斜度显示方式	
3	锁定	水平角锁定	水平角重复测量
4	置 0	水平角置 0	显示屏和分划板照明打开/关闭补偿器(长按)
5	切换	键功能切换	测量数据输出
6	⏻	电源开/关	

五、实验报告

将观测数据填入经纬仪的使用观测手簿中。

实验六　测回法水平角观测

一、实验目的

(1)进一步熟悉经纬仪的使用。

(2)掌握测回法测量水平角的方法、记录和计算。

二、实验要求

对于 J_6 级经纬仪,上、下半测回之差不超过 ±40″,各测回角值之差不超过 ±24″。

三、实验仪器和工具

(1) DJ_6 级光学经纬仪一套,伞一把,记录板一个。

(2)自备 2H 或 3H 铅笔一支。

四、实验方法和步骤

(1)如图 2-20 所示,每组选一测站点 O 安置仪器,对中、整平后,再选定 A、B 两个目标。

(2)盘左,先瞄准目标 A,对于光学经纬仪拨度盘变换器,使水平度盘读数稍大于零;对于全站仪则通过置盘将 A 方向设为比 0°00′00″稍大。将读数记入手簿,设读数为 a_1。

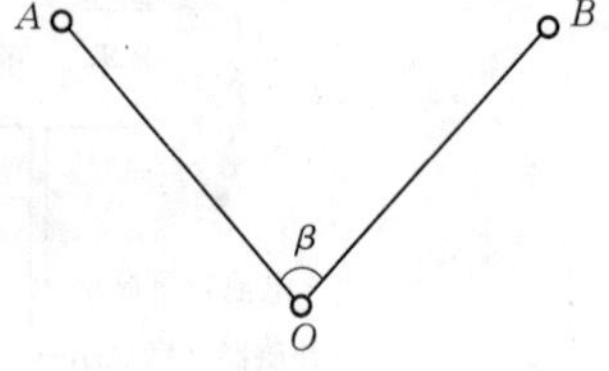

图 2-20 测回法水平角观测

(3)顺时针转动照准部,瞄准目标 B,将读数记入手簿,设读数为 b_1,上半测回盘左测得 $\angle AOB$ 为

$$\beta_{左} = b_1 - a_1 \tag{2-5}$$

(4)纵转望远镜为盘右,先瞄准目标 B,读数为 b_2 并记入手簿,逆时针方向转动照准部,瞄准目标 A,读数为 a_2 并记入手簿,下半测回盘右测得 $\angle AOB$ 为

$$\beta_{右} = b_2 - a_2 \tag{2-6}$$

(5)计算一测回角值:

$$\beta = \frac{1}{2}(\beta_{左} + \beta_{右}) \tag{2-7}$$

(6)当观测 n 个测回时,每个测回的盘左观测,其起始方向 A 按 $\frac{180°}{n}$ 变换度盘位置,各测回角值互差不超限时,则计算平均角值。

五、注意事项

(1)安置仪器时,对中误差应小于 2 mm。

(2)瞄准时,应尽量瞄准目标底部,以减少由于目标倾斜引起水平角观测的误差。

(3)观测过程中,若发现长水准气泡偏离超过 1 格,应重新整平仪器,并重测该测回。

六、实验报告

将观测数据填入测回法观测手簿中,并完成相应的角度计算工作。

实验七　全圆方向法水平角观测

一、实验目的

掌握全圆方向法观测水平角的操作方法、记录和计算。

二、实验要求

(1)每组任选 4 个目标,共同观测 2 ~4 个测回。

(2)水平角方向观测法技术规定见表 2-5。

表 2-5　水平角方向观测法技术规定

仪器级别	半测回归零差(″)	一测回内 2C 互差(″)	同一方向值各测回互差(″)
J_2	12	18	12
J_6	18	—	24

三、实验仪器及工具

(1)经纬仪或全站仪一台,测伞一把,记录板一个。

(2)自备 2H 或 3H 铅笔一支。

四、实验方法和步骤

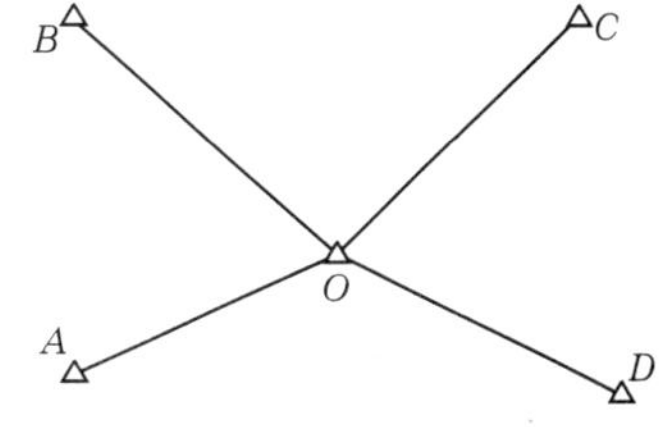

图 2-21　全圆方向法水平角观测

(1)如图 2-21 所示,在测站点 O 安置仪器,对中、整平后,选定 A、B、C、D 四个目标,其中 A 为起始方向。

(2)盘左瞄准目标 A,并使水平度盘读数稍大于零,读数并记入手簿。

(3)顺时针方向转动照准部,依次瞄准 B、C、D、A 各目标,分别读数并记入手簿,检查上半测回归零差是否超限,以上为上半测回。

(4)纵转望远镜,盘右,逆时针方向依次瞄准 A、D、C、B、A 各目标,读数并记入手簿,检查下半测回归零差是否超限,以上为下半测回,上、下两个半测回合称为一个测回。

(5)计算:

①计算半测回归零差并填入观测手簿相应栏中,如超限应立即重测。

②计算两倍照准差(2C)值:

$$2C = \text{盘左读数} - (\text{盘右读数} \pm 180°) \tag{2-8}$$

③计算各方向的平均读数:

$$\text{平均读数} = \frac{1}{2}[\text{盘左读数} + (\text{盘右读数} \pm 180°)] \tag{2-9}$$

④计算归零后的方向值。将各方向的平均读数减去起始方向的平均读数,即得各方向归零后的方向值,起始方向的归零值亦为零。

⑤计算各测回归零后方向值的平均值。取各测回同一方向归零后方向值的平均值作为该方向的最后结果。

⑥计算两点间水平角值。相邻两方向值相减即可求得两点间的水平角值。

五、注意事项

(1)应选择远近适中、易于瞄准的清晰目标作为起始方向。

(2)如果方向数只有 3 个,可以不归零。

六、实验报告

将观测数据填入全圆方向法观测手簿中,并完成相应的角度计算工作。

实验八 中丝法竖直角观测

一、实验目的

(1)练习竖直角观测、记录和计算的方法。

(2)掌握竖盘指标差的计算方法。

二、实验要求

(1)选择 2 ~3 个不同高度的目标,每人分别观测所选目标并计算竖直角。

(2)限差要求:6″级经纬仪,竖直角互差和指标差互差应不超过 ±25″;2″级经纬仪或全站仪,竖直角互差和指标差互差应不超过 ±15″。

三、实验仪器及工具

(1)经纬仪或全站仪一台,测伞一把,记录板一个。

(2)自备 2H 或 3H 铅笔一支。

四、实验方法和步骤

(1)在测站点 O 安置仪器,对中、整平后,选定 A、B、C 三个目标。

(2)盘左,用十字丝中丝切于目标 A 顶端,转动竖盘指标水准管微动螺旋,使竖盘指标水准管气泡居中(电子经纬仪和全站仪无此步骤),读取竖盘读数 L,记入手簿。

(3)盘右,同法观测 A 目标,读取盘右读数 R,记入手簿,以上合称为一个测回。

(4)计算竖直角

上半测回竖直角: $$\alpha_L = 90° - L \tag{2-10}$$

下半测回竖直角: $$\alpha_R = R - 270° \tag{2-11}$$

一测回竖直角: $$\alpha = \frac{1}{2}(\alpha_L + \alpha_R) = \frac{1}{2}(R - L - 180°) \tag{2-12}$$

(5)计算竖盘指标差: $$x = \frac{1}{2}(\alpha_R - \alpha_L) = \frac{1}{2}(L + R - 360°) \tag{2-13}$$

(6)同法测定 B、C 目标的竖直角并计算出竖盘指标差,检查竖直角互差和指标差互差是否超限。

五、注意事项

(1)观测过程中,对同一目标,应使十字丝中丝切准目标顶端(或同一部位)。

(2)对于光学经纬仪,每次读数前应使竖盘指标水准管气泡居中。

(3)计算竖直角和指标差时,应注意正、负号。

六、实验报告

将观测数据填入竖直角观测手簿,并完成相应的角度计算工作。

实验九　光学经纬仪的检验和校正

一、实验目的

(1)了解经纬仪各主要轴线之间应满足的几何条件,图2-22是经纬仪的轴线简图。

(2)初步掌握经纬仪检验和校正的操作方法。

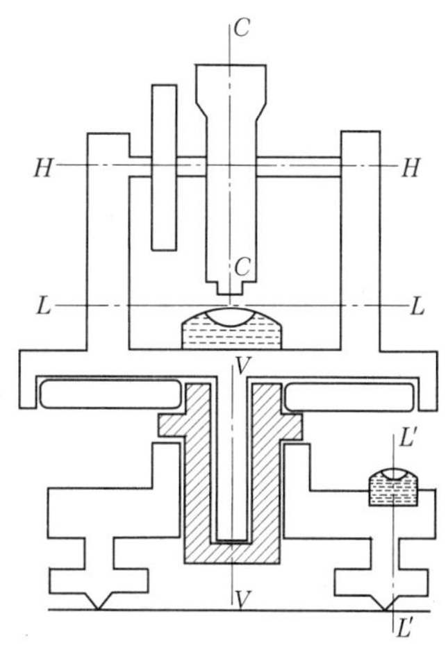

图2-22　经纬仪轴线简图

二、实验要求

要求对各项目进行检验,校正应在教师的指导下进行。

三、仪器和工具

(1)经纬仪一台,测伞一把,记录板一个。

(2)自备2H或3H铅笔一支。

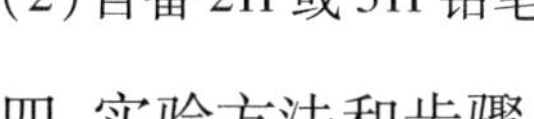

四、实验方法和步骤

(一)一般性检验

主要检查三脚架是否牢固、架腿伸缩是否灵活,制动微动螺旋是否有效,照准部转动和望远镜转动是否灵活,望远镜成像是否清晰,脚螺旋是否有效等。

(二)照准部水准管轴垂直于竖轴的检验与校正

1. 检验

将仪器大致整平,转动照准部使水准管平行于一对脚螺旋的连线,转动该对脚螺旋使气泡严格居中。将照准部旋转180°,若气泡仍居中,说明条件满足;若气泡中点偏离水准管零点超过一格,则需校正。

2. 校正

用拨针拨动水准管一端的校正螺丝,先松后紧,使气泡退回偏离量的一半,再转动脚螺旋使气泡居中。如此反复检校,直到水准管在任何位置时气泡都无明显偏离。

(三)十字丝竖丝应垂直于横轴的检验与校正

1. 检验

如图2-23所示,用十字丝交点瞄准一清晰的点状目标P,上、下微动望远镜,若P点始终不偏离竖丝,该条件满足,否则需要校正。

2. 校正

旋下目镜端十字丝分划板护盖,松开四个十字丝外环固定螺丝,转动十字丝分划板座,使竖丝与P点重合。反复检校,直到该条件满足。校正完毕,应旋紧外环固定螺丝,并旋上护盖。

(四)视准轴垂直于横轴的检验与校正

1. 四分之一法

四分之一法适用于J_6级经纬仪。

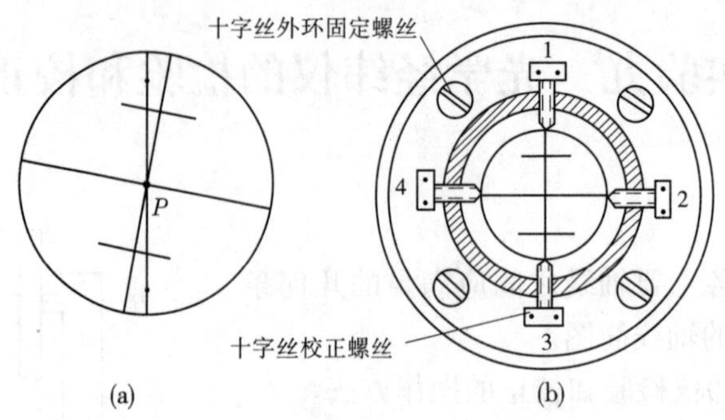

图 2-23　十字丝竖丝垂直于横轴的检验与校正

1）检验

如图 2-24 所示，在 O 点安置仪器，从该点向两侧量取 30 ~ 50 m，定出等距离的 A、B 两点。于点 A 设置目标，点 B 横置一根有毫米刻划的小钢尺，尺身与 AB 方向垂直并与仪器大致同高。盘左瞄准目标，固定照准部，纵转望远镜在 B 点尺上读数为 B_1；盘右瞄准目标 A，固定照准部，纵转望远镜在 B 点尺上读数为 B_2。若 B_1 与 B_2 重合，该条件满足。否则，按式（2-14）计算出视准轴误差 c：

$$c = \frac{B_2 - B_1}{4 \times D_{OB}} \times \rho'' \tag{2-14}$$

对于 J_2 级经纬仪，当 c 超过 $\pm 8''$ 时，需校正；对于 J_6 级经纬仪，当 c 超过 $\pm 10''$ 时，需校正。

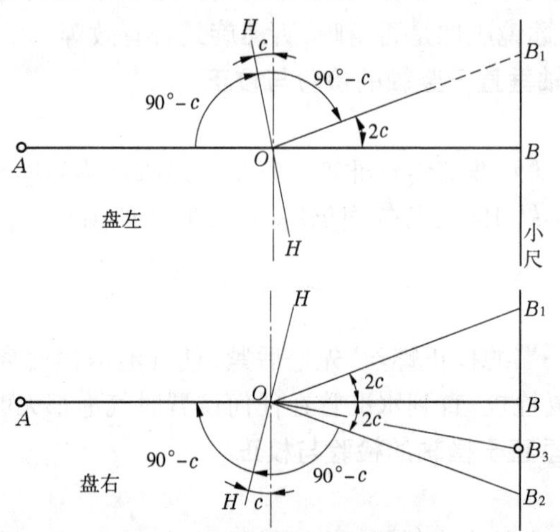

图 2-24　四分之一法检验

2）校正

先在 B 尺上定出一点 B_3，使 $B_2B_3 = (B_2 - B_1)/4$，旋下分划板护盖，用拨针拨动十字丝左、右两个校正螺丝，一松一紧，使十字丝交点与 B_3 点重合即可。

校正之后再做一次检验，直至无显著误差。

2. 读数法

读数法适用于 J_2 级经纬仪或度盘偏心差较小的 J_6 级经纬仪。

1）检验

选择一个与仪器同高的目标点 A，盘左、盘右观测其水平角，则 $2c = L - (R \pm 180°)$，对于 J_2 级经纬仪，当 c 超过 ±8″时需校正；对于 J_6 级经纬仪，当 c 超过 ±10″时，则需校正。

2）校正

仪器仍处于盘右位置，首先计算盘右的正确读数，$R_{正确} = R + c$，转动水平微动螺旋使度盘读数为 $R_{正确}$，这时目标偏离十字丝，用拨针拨动十字丝左、右两个校正螺丝，一松一紧，使十字丝交点与目标点重合即可。

校正之后再做一次检验，直至无显著误差。

（五）横轴垂直于仪器竖轴的检验与校正（高低差的检验与校正）

1. 检验

如图 2-25 所示，在距墙约 30 m 处安置仪器（用皮尺量出该距离 D），盘左瞄准墙上一高目标点 P（竖直角大约 30°），并观测计算出竖直角 α，再将望远镜大致放平，将十字丝交点投在墙上定出 A 点；纵转望远镜盘右，同法又在墙上定出 B 点，若 A 与 B 重合，该条件满足，否则按式（2-15）计算出横轴误差 i：

$$i = \frac{AB \times \cot\alpha}{2 \times D} \times \rho'' \tag{2-15}$$

对于 J_2 级经纬仪，当 i 超过 ±15″时，需校正；对于 J_6 级经纬仪，当 i 超过 ±20″时，则需校正。

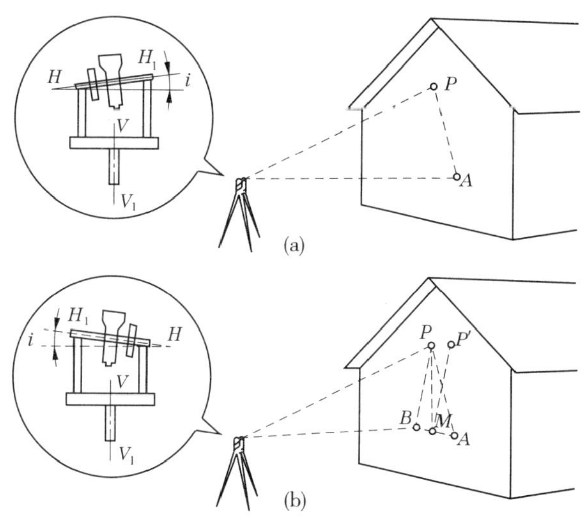

图 2-25　高低差的检验

2. 校正

此项校正应送实验室，用专用的高低差校正仪由专业修理人员进行。

（六）竖盘指标差的检验与校正

1. 检验

盘左、盘右观测同一目标点 P，按式（2-16）计算出竖盘指标差：

$$x = \frac{1}{2}(L + R - 360°) \tag{2-16}$$

对于 J_2 级经纬仪，当 x 超过 ±16″时，需校正；对于 J_6 级经纬仪，当 x 超过 ±20″时，则需校正。

2. 校正

仪器位置不变，仍以盘右瞄准目标点 P，转动竖盘指标水准管微动螺旋，使竖盘读数为 $R-x$，这时，气泡必然偏离，用拨针松、紧水准管一端的校正螺丝，使气泡居中。反复校正，直到 x 不超过限差。

(七)光学对中器的检验与校正

1. 检验

整平仪器，并将仪器对准地面上一点，将仪器旋转 180°，若对中器仍对准该点，则满足条件；否则，需校正。

2. 校正

拧下对中目镜护盖或对中器校正盖板，用校针调整 4 个调整螺钉或对中器校正机构，使地面十字丝标志在分划板上的影像向中心移动其偏离量的一半，反复进行，直到其偏离不超过 ±1 mm。

五、注意事项

经纬仪的检验与校正必须按检校项目顺序进行，步骤不能颠倒。

六、实验报告

将实验数据填入经纬仪的检验与校正手簿。

实验十　距离丈量与磁方位角的测定

一、实验目的

(1)掌握钢尺量距的一般方法。

(2)学会使用罗盘仪测定直线的方位角。

二、实验要求

往返丈量距离，相对误差 $K \leqslant \frac{1}{3\ 000}$；往返测定磁方位角，误差应不超过 ±1°。

三、实验仪器及工具

(1)30 m 或 50 m 钢尺一把，罗盘仪一台，3 m 花杆三根，测钎四根，木桩二个，锤子一把，记录板一个。

(2)自备 2H 或 3H 铅笔一支。

四、实验方法和步骤

(1)在地面选定相距约 100 m 的 A、B 两点，打下木桩，在桩顶钉一小钉或画十字作为点位，在 A、B 点外侧竖立花杆。

(2)后尺手执尺零端，插一根测钎于起点 A，前尺手持尺盒(或尺把)并携带其余测钎沿 AB 方向前进，行至一尺段处停下。

(3)一人立于 A 点后面 1 ~ 2 m 处定线，指挥持花杆者将花杆左、右移动，使其插在 AB 方向上。

(4)后尺手将尺零点对准点 A，前尺手沿直线拉紧钢尺，在尺末端刻线处竖直地插下测钎，这样便量完一个尺段。后尺手拔起 A 点测钎与前尺手共同举尺前进，同法继续丈量其余各尺段，每量完一个尺段，后尺手都要拔起测钎。

(5)最后，不足一整尺段时，前尺手将某一整数分划对准 B 点，后尺手在尺的零端读出厘米和毫米数，两数相减求得余长。往测全长 $D_{往} = nl + q$ (n 为整尺段数，l 为钢尺长度，q 为余长)。

(6)同法由 B 向 A 进行返测，但必须重新进行直线定线，计算往、返丈量的平均值及相对误差，检查是否超限。

(7)将罗盘仪分别安置于 A、B 点测定磁方位角，两者之差与180°相比较，其误差不得超过 ±1°，取其平均值作为直线 AB 的磁方位角。

五、注意事项

(1)爱护钢尺，勿沿地面拖拉，严防打圈、受压，用毕擦净上油，不得握住尺盒(或尺把)来拉紧钢尺，以免拉断尺尾。

(2)钢尺要拉平、拉直、拉稳，用力要均匀。

(3)测钎要插直，若地面坚硬，可在地面画记号。

(4)测磁方位角时，应避开铁器干扰；搬迁罗盘仪时，要固定磁针。

六、实验报告

将观测数据填入距离丈量与磁方位角的测定手簿，并完成相应的距离计算工作。

实验十一　视距测量

一、实验目的

掌握视距测量测定水平距离和高差的操作、记录和计算方法。

二、实验要求

水平距离和高差要往、返测量，往返测得的水平距离之差不得超过 0.2 m，高差之差不得超过 ±0.1 m。

三、实验仪器及工具

(1)经纬仪一台，视距尺一把，计算器一个，2 m 钢卷尺一把，木桩二个，伞一把，记录板一个，锤子一把。

(2)自备2H或3H铅笔一支。

四、实验方法和步骤

(1)在地面上任意选择 A、B 两点,相距约100 m,各打一木桩。

(2)安置仪器于 A 点,量仪器高 i,在 B 点竖立视距尺。

(3)盘左位置,瞄准 B 点标尺,分别读取上、下丝读数并记入观测手簿,立即算出视距间隔 l,视距为

$$S = Kl = 100l \tag{2-17}$$

(4)转动竖盘指标水准管微动螺旋,使竖盘指标水准管气泡居中,分别读取中丝读数 v 和竖盘读数 L 并记入观测手簿,计算竖直角 α。

(5)计算 A、B 两点间的水平距离和高差并记入观测手簿,水平距离 D 和高差的计算公式分别为

$$D_{AB} = Kl\cos^2\alpha \tag{2-18}$$

$$h_{AB} = \frac{1}{2}Kl\sin2\alpha + i - v = D_{AB} \times \tan\alpha + i - v \tag{2-19}$$

(6)将仪器安置于 B 点,重新量仪器高,在 A 点竖立视距尺,同法进行对向观测,计算出 A、B 两点间返测的水平距离和高差,检查往、返测得水平距离和高差是否超限。

五、实验报告

将观测数据填入视距测量手簿,并完成相应的平距、高差等计算工作。

实验十二　经纬仪测绘法测绘地形图

一、实验目的

(1)练习经纬仪测绘法测绘地形图的方法和步骤。

(2)掌握地形特征点的选择要领。

二、实验要求

(1)每组选定一个测站(其高程由教师给定),尽量将测站点周围的地物和地貌特征点测出。

(2)小组成员要轮流担任观测、记录、扶尺、绘图等工作。

(3)观测与计算取位要求如下:角度1′,视距0.1 m,高差0.01 m,高程0.01 m,仪器高0.01 m,目标高0.01 m。

(4)测图比例尺1∶500,等高距为0.5 m。

(5)控制点及其坐标由教师提供。

三、实验仪器及工具

(1)DJ_6 经纬仪一台,小平板仪一台,视距尺一把,2 m卷尺一把,皮尺一把,计算器一

个,测伞一把,地形图图式一本,三棱尺一把,量角器一个,小三角板一副,定向架一副,记录板一个,测图纸一张。

(2)自备2H或3H铅笔一支。

四、实验方法和步骤

(一)地形特征点的取舍

地形图测绘外业工作中,如何选择好地物特征点和地貌特征点,对于提高测图工作效率和成图质量有着重要的影响。在大比例尺地形图测绘时,地物与地貌特征点的选择一般可按下列要求进行。

1. 地物特征点的选择

(1)对于各类建(构)筑物及其主要附属设施,应以房屋外廓墙角为地物特征点进行测绘,居民区可视比例大小适当加以综合取舍。

(2)对于重要的独立地物,能依比例在地形图上绘出的,应选其外廓点进行实测;不能按比例在图上绘出的,应在其外廓处选一点测绘,以便在图上准确表示其定位点或定位线。

(3)道路及其附属物、水系及其附属物等应按实际形状,在道路和水系的拐弯处设点测绘。

(4)管线应选其转角处作为地物特征点进行实测,当线路密集时或居民区的低压线、通信线等可视用图需要综合取舍。

(5)耕地应根据面积大小在田埂拐弯处设点测绘其具体形状。

(6)植被的测绘应按其经济价值和面积大小适当取舍。

2. 地貌特征点的选择

地貌特征点应选在能反映地貌特征的山脊线、山谷线等地性线上,即在山头、山脊、山谷、鞍部和所有坡度变化和方向变化处以及明显的特征地貌(如悬崖等)处选点测绘。

(二)经纬仪测绘法测绘地形图

(1)如图2-26所示,在校园内选定A、B两个已埋桩的已知点,A为测站点,B为后视点。若地面没有已知点,也可任选两点,打上木桩并在桩顶钉一小钉或画一"十"字作为测点标志,测站点的高程可由教师根据具体地形给出(最好不是一个整数,以便练习高程计算)。

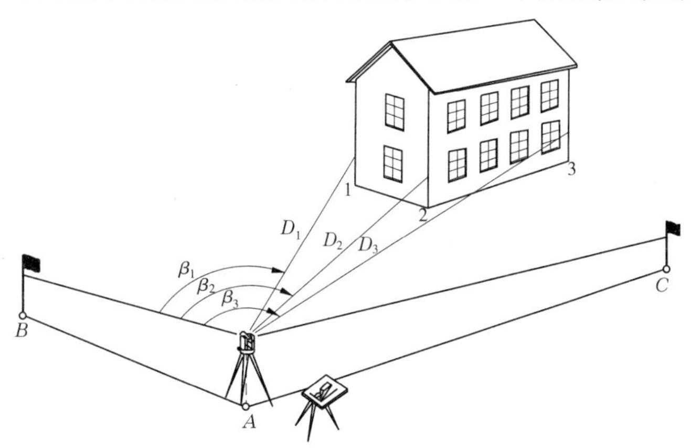

图2-26 经纬仪测绘法测绘地形图原理

(2)将经纬仪安置在测站点A上,对中整平后量出仪器高,用盘左位置准确瞄准B点,并使水平度盘读数等于零。

(3)小平板仪放在经纬仪旁边,用透明胶将绘图纸贴在绘图板上,在图纸上定出 A 点和 AB 方向,转动图纸的方向与实际大致相同。

(4)转动照准部,瞄准第一个地形特征点上立的地形尺,用视距测量的方法分别读取视距间隔(即上丝读数与下丝读数之差)、中丝读数、天顶距(竖盘读数)和水平度盘读数,并记入碎部测量观测手簿。

读取视距间隔时,可使用下丝对准地形尺上某个整分米读数处(如 1.000 m 处),再读取上丝的读数,心算上、下丝读数之差再乘以 100 即为视距。

(5)根据视距测量计算公式分别计算测站点与特征点间的水平距离和高差,特征点的高程填入碎部测量观测手簿。

(6)如图 2-27 所示,根据所测水平角,利用图上的已知方向,用量角器按所测水平角画出测站点和所测特征点的连线方向,在该方向上,按所测水平距离和绘图比例尺,将所测特征点展绘在图纸上,并将测点点号注记在点的左侧,其高程注记在点的右侧。

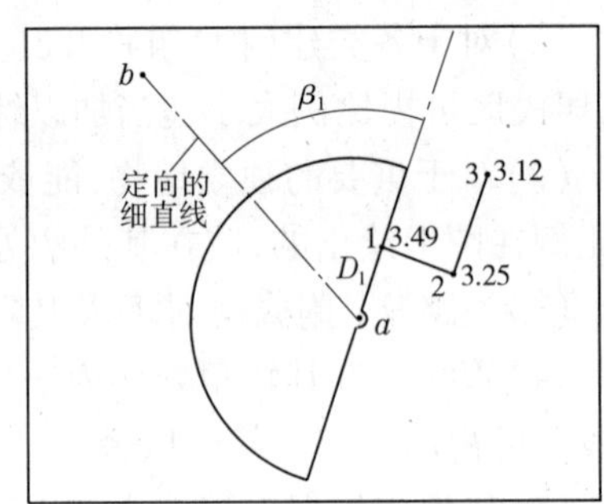

图 2-27 地形特征点的展绘

(7)选定第二个地形特征点,重复(4)、(5)、(6)步的观测、记录和计算工作,并将这些点展绘在图纸上。同法继续测绘其他各地形特征点,直至结束。

(8)地形图的绘制。地物的绘制要根据地物的实际形状,将与某地物有关的特征点用直线(或曲线)相连形成与实际相似的几何形状,地物必须做到随测随绘;地貌的勾绘可以在野外实验结束后用目估法勾绘完成。

五、注意事项

(1)视距尺要立直。

(2)记录时,应在备注栏注记地形的种类。

(3)要注意图面正确整洁,注记清晰,字头一律朝北书写,并做到随测随绘,随检查。

(4)当每站工作结束后,在确认地物、地貌无测错或漏测时,方可迁站。

六、实验报告

将地形测量手簿和所绘地形图一并交实验指导教师。

实验十三 极坐标法测设点的平面位置

极坐标法放样点的平面位置,就是根据已知角度和已知水平距离确定点的平面位置。要放样点的平面位置,必须通过两个已知控制点来推求放样点的位置,两个已知控制点一个作为测站点,一个作为后视方向。

当采用经纬仪 + 钢尺放样时,还要先算出放样角度和水平距离,经纬仪架设于测站点,瞄准后视点,水平角置零,用放样已知水平角度的一般方法放样已知角度,得到测站到放样点的方向,然后用放样已知水平距离的方法在该方向上放样出已知水平距离,即得到放样点的平面位置;当采用全站仪放样时,不必计算放样角度和水平距离,这项工作由仪器自动完成,全站仪放样点的平面位置亦是通过转动一个角度获得测站到放样点的方向,在此方向上测设距离获得点的平面位置,因此全站仪放样点的平面位置的原理仍是极坐标法。本节叙述用经纬仪 + 钢尺的方法放样点的平面位置。

一、实验目的

(1)练习用一般方法测设已知水平角。

(2)练习用钢尺量距的一般方法测设已知水平距离。

(3)理解极坐标法放样点的平面位置的原理、方法和步骤。

二、实验要求

(1)要求角度误差不超过 ±40″。

(2)要求测设距离的相对误差不应大于 1/3 000。

三、实验仪器及工具

(1)经纬仪一台,钢尺一把,计算器一个,木桩三个,测钎四根,记录板一个,锤子一把,工具包一个。

(2)自备 2H 或 3H 铅笔一支。

四、实验方法和步骤

(一)测设角值为 β 的水平角

(1)在地面选 A、B 两点打桩,作为已知方向,将经纬仪安置于 B 点。盘左,瞄准 A 点,并调整度盘读数为 0°00′00″。

(2)顺时针转动照准部,使度盘读数为 β 角,在此方向打桩为 C 点点位,在桩顶标出视线方向和点位 C'。

(3)盘右,同法在桩顶定出另一点位 C'',取 $C'C''$的中点为 C 点的最后点位。

(4)再用测回法测量该角,角度误差不超过 ±40″即可。

(二)测设长度为 D 的水平距离

利用测设水平角的桩点,沿 BC 方向测设水平距离为 D 的线段 BE。

(1)仪器仍然安置于 B 点,用 C 点定向,沿 BC 方向测量距离 D,由观测员指挥将木桩打在 BC 方向上,而且 E 点点位还要位于桩顶上。

(2)根据给定的水平距离和已知方向 BC,从 B 点用钢尺丈量的一般方法,量得线段的另一端点 E。

(3)再检测 BE 的距离,其值与已知水平距离值的相对误差不应大于 1/3 000。

五、实验报告

将观测数据填入测设已知水平角和已知水平距离手簿。

实验十四　测设已知高程和已知坡度线

一、实验目的

(1)练习测设已知高程点的方法。

(2)练习测设某条设计坡度线的方法。

二、实验要求

要求高程测设误差不超过 ±5 mm。

三、实验仪器及工具

(1)DS_3 级微倾式水准仪一台,水准尺一根,木桩六个,测伞一把,皮尺一把,锤子一把,记录板一个。

(2)自备 2H 或 3H 铅笔一支。

四、实验方法和步骤

(一)测设已知高程 $H_{设}$

(1)在水准点 A 和待测点 B(打一木桩)之间安置水准仪,读取 A 点的后视读数 a,根据水准点高程 H_A 和待测点高程 $H_{设}$,计算出 B 点的前视读数 $b=H_A+a-H_{设}$。

(2)使水准尺紧贴 B 点木桩侧面上、下移动,当水准仪的中丝对准尺上读数为 b 时,沿尺底在木桩上画线,即为测设的高程位置。

(3)测定上述尺底线的高程,检查误差是否超限。

(二)测设已知坡度线

(1)欲从 A 至 B 测设距离为 D、坡度为 i 的坡度线,首先沿视线方向每隔 10 m 打一木桩,并依次编号。

(2)起点 A 位于坡度线上,其高程为 H_A,根据设计坡度及 AB 两点的距离,计算出点 B 的设计高程,并用测设已知高程点的方法将 B 点测设出来。

(3)安置微倾式水准仪于 A 点,使一个脚螺旋位于 AB 方向上,另两只脚螺旋连线与 AB 方向垂直,量取仪器高 i。

(4)瞄准 B 点上的水准尺,转动位于 AB 方向的脚螺旋,使中丝读数为 i。

(5)不改变视线,依次立尺于各桩顶,轻轻打桩,待尺上读数为 i 时,桩顶即位于坡度线上。

若受地形限制,不允许将桩顶打在坡度线上,可读取水准尺上的读数,然后计算出各中间点桩顶距坡度线的填、挖值:填(挖)数 $=i-$尺上读数,“-”为填,即坡度线在桩顶上面;“+”为挖,即坡度线在桩顶下面。

五、实验报告

将观测数据填入测设已知高程和已知坡度线观测手簿。

实验十五　圆曲线测设

一、实验目的

(1)掌握圆曲线要素的计算,曲线主点、碎部点放样数据的计算方法。

(2)掌握经纬仪配钢尺偏角法或全站仪偏角 + 弦长放样圆曲线的方法。

二、实验要求

误差要求:半径方向(横向)不超过 ±0.1 m;切线方向(纵向)不超过 $\pm L/2\ 000$(L 为曲线长)。

三、实验仪器及工具

(1)经纬仪或全站仪一台,30 m 钢尺一把,木桩 12 根,计算器一个,小花杆六根,锤子一把,记录板一个。

(2)自备 2H 或 3H 铅笔一支。

四、实验方法和步骤

(一)圆曲线主点的放样

1. 曲线要素的计算

如图 2-28,曲线起点 $A(ZY)$,中点 $M(QZ)$ 和终点 $B(YZ)$ 称为曲线的主点。线路转向角 α 和曲线半径 R 是设计选定的,是已知数,交点 JD 的里程也是已知的。曲线要素有切线长 T,曲线长 L,外矢距 E,切曲差 D,计算公式如下:

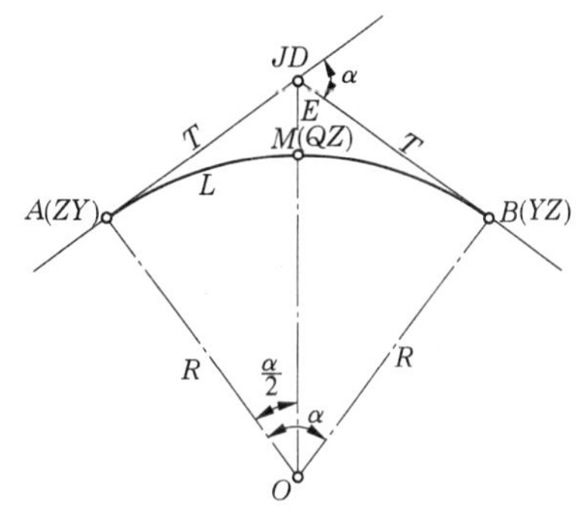

图 2-28　圆曲线主点的放样

$$T = R \times \tan \frac{\alpha}{2} \tag{2-20}$$

$$L = \frac{R\pi}{180^\circ}\alpha \tag{2-21}$$

$$E = R \times (\sec \frac{\alpha}{2} - 1) \tag{2-22}$$

$$D = 2T - L \tag{2-23}$$

曲线主点里程的计算:

$$\left.\begin{aligned} &\text{起点 } A(ZY) \text{ 的桩号} = JD \text{ 的桩号} - T \\ &\text{中点 } M(QZ) \text{ 的桩号} = A \text{ 的桩号} + \frac{L}{2} \\ &\text{终点 } B(YZ) \text{ 的桩号} = A \text{ 的桩号} + L \end{aligned}\right\} \tag{2-24}$$

2. 圆曲线主点的放样方法

放样时,安置仪器于转折点 JD,沿前面的切线方向量 T 得曲线起点 $A(ZY)$,沿后面的切

线方向量 T 得曲线终点 $B(YZ)$，再将仪器瞄准终点 $B(YZ)$，向右转 $\frac{180° - \alpha}{2}$，在此方向量外矢距 E，得曲线中点 $M(QZ)$。

（二）圆曲线碎部点的放样

1. 放样数据的计算

如图 2-29 所示，偏角法是利用偏角（弦切角）和弦长来测设圆曲线。为了把曲线上各放样点的里程凑成整数（这样对施工方便），曲线长度势必分成首尾两段零头弧长 S_1、S_2 和 n 段相等的弧长 S 之和，即

$$L = S_1 + nS + S_2 \tag{2-25}$$

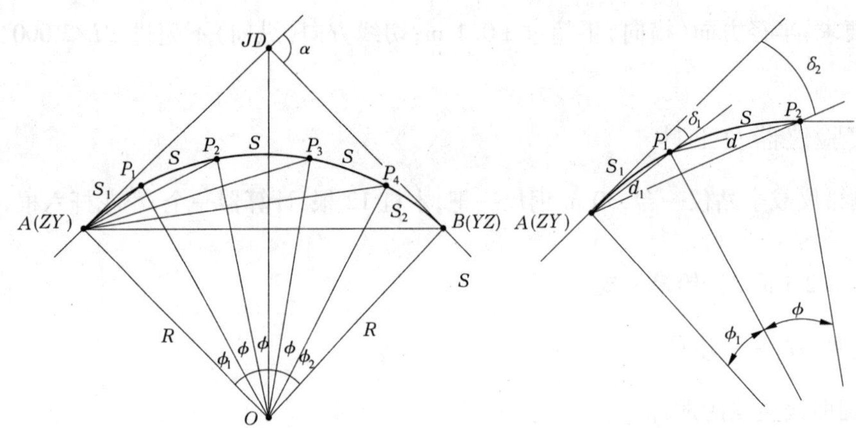

图 2-29　偏角法测设圆曲线碎部点

S_1、S_2、S 所对的圆心角分别为 φ_1、φ_2、φ，按下式计算：

$$\varphi_1 = \frac{S_1 \times 180°}{\pi \times R} = 57.296° \times \frac{S_1}{R} \tag{2-26}$$

$$\varphi_2 = \frac{S_2 \times 180°}{\pi \times R} = 57.296° \times \frac{S_2}{R} \tag{2-27}$$

$$\varphi = \frac{S \times 180°}{\pi \times R} = 57.296° \times \frac{S}{R} \tag{2-28}$$

相应于弧长 S_1、S_2、S 的弦长计算公式如下：

$$d_1 = 2R\sin\frac{\varphi_1}{2} \tag{2-29}$$

$$d_2 = 2R\sin\frac{\varphi_2}{2} \tag{2-30}$$

$$d = 2R\sin\frac{\varphi}{2} \tag{2-31}$$

曲线中点 $M(QZ)$ 的累计偏角值 $\delta_{中} = \frac{\alpha}{4}$，曲线全长的总偏角值为 $\delta_{总} = \frac{\alpha}{2}$。曲线上各点的累计偏角为：

$$\delta_1 = \frac{\varphi_1}{2} \tag{2-32}$$

$$\delta_2 = \frac{\varphi_1}{2} + \frac{\varphi}{2} \tag{2-33}$$

$$\delta_3 = \frac{\varphi_1}{2} + \frac{\varphi}{2} + \frac{\varphi}{2} = \frac{\varphi_1}{2} + \varphi \tag{2-34}$$

$$\delta_4 = \frac{\varphi_1}{2} + \frac{\varphi}{2} + \frac{\varphi}{2} + \frac{\varphi}{2} = \frac{\varphi_1}{2} + \frac{3\varphi}{2} \tag{2-35}$$

$$\vdots$$

$$\delta_n = \frac{\varphi_1}{2} + \frac{\varphi}{2} + \cdots + \frac{\varphi_2}{2} = \delta_{总} = \frac{\alpha}{2} \tag{2-36}$$

2. 圆曲线碎部点的放样

1) 经纬仪配钢尺放样法

放样时，仪器安置于曲线起点 $A(ZY)$ 上，瞄准转折点 JD，水平度盘读数置为 $0°00'00''$，拨角 $\delta_1 = \frac{\varphi_1}{2}$，在此方向上量弦长 d_1，得 1 点；将角拨至 $\delta_2 = \frac{\varphi_1}{2} + \frac{\varphi}{2}$，钢尺零点对准 1 点，由 1 点量弦长 d 与视线相交得 2 点；再加拨角 $\frac{\varphi}{2}$，钢尺零点对准 2 点，由 2 点量弦长 d 与视线相交得 3 点；余依此类推。当拨角为 $\frac{\alpha}{2}$ 时，视线应通过终点 $B(YZ)$，$B(YZ)$ 点到曲线上最后一个碎部点的距离应为 d_2，以此来检查放样的质量。

2) 全站仪偏角弦长放样法

全站仪偏角弦长放样法应计算曲线起点至每个碎部点的弦长，仪器安置于曲线起点 $A(ZY)$ 上，瞄准转折点 JD，水平度盘读数置为 $0°00'00''$，将水平度盘对准碎部点的偏角，启动测距功能，放样起点至该碎部点的弦长即可。

偏角法测设曲线加桩，一般是以弦长代替分段曲线的长，其弦长与弧长的差值 C 可按式(2-37)计算：

$$C = d - S = 2R\sin\delta - S = -\frac{S^3}{24R^2} \tag{2-37}$$

当弦弧差小于 1 cm 时，可用弧长代替弦长丈量。

经纬仪配钢尺放样法有误差传递的缺点，即放样 2 点时，1 点的放样误差亦传递给了 2 点，放样 3 点时，1 点和 2 点的放样误差传递给了 3 点，其精度较低；全站仪偏角弦长放样法就没有误差传递的缺点，其放样精度高于经纬仪配钢尺放样法。

五、实验报告

放样数据的计算表格和放样后的检查记录参见教材中的有关内容。

实验十六　建筑物平面位置的测设

一、实验目的

(1)掌握点的平面位置放样数据的计算方法。

(2)掌握经纬仪配钢尺放样点的平面位置的方法或全站仪放样菜单的使用。

(3)练习控制点的加密方法。

二、实验要求

精度要求:直角的误差不超过 ±1′,边长的绝对误差不超过 ±10 mm。

三、实验仪器及工具

(1)经纬仪或全站仪一台,30 m 钢尺一把(或微型棱镜一套),木桩八根,计算器一个,定向架一副,锤子一把,记录板一个。

(2)自备 2H 或 3H 铅笔一支。

四、实验基本原理

控制点的加密方法有:

(1)支导线法加密控制点。

(2)前方交会法加密控制点。

(3)单三角形法加密控制点等。

采用何种控制点的加密方法由各小组自行安排,建筑物平面位置的测设可采用全站仪主菜单下放样模式进行,或经纬仪配钢尺极坐标法进行测设。

五、实验步骤

(一)控制点的加密

可采用全站仪坐标测量模式或数据采集模式,将控制点引测到拟放样建筑物的附近。如图 2-30 所示,可以 N08 为测站点,HF1041 为定向点,在全站仪坐标测量模式下,直接测定加密点 K01 的坐标,测得 K01 的坐标为 $X=218\ 609.675$,$Y=196\ 299.911$。

亦可以采用经纬仪配钢尺极坐标法测定 K01 的坐标,即用经纬仪测回法测量已知方向与 K01 方向之间的夹角,用钢尺丈量测站点与 K01 的水平距离,按下式计算 K01 的坐标:

$$X_{K01} = X_{N08} + D_{N08-K01}\cos\alpha_{N08-K01} \tag{2-38}$$

$$Y_{K01} = Y_{N08} + D_{N08-K01}\sin\alpha_{N08-K01} \tag{2-39}$$

(二)建筑物平面位置的放样

拟放样建筑物的四个角点坐标由同学们自行设计,如图 2-30 所示,本例给出了建筑物的四个角点 1、2、3、4 的坐标,为一栋 40 m×30 m 矩形建筑物。

以加密控制点 K01 为测站,已知控制点 N08 为后视点,在全站仪上放样菜单操作模式下放样建筑物的四个角点。

亦可以采用经纬仪配钢尺极坐标法进行测设。

六、放样数据的计算

放样数据的计算参见实验报告范例。

七、放样点精度的检测

放样完毕,必须进行精度检测,符合精度要求才能结束实验。检测记录参见实验报告

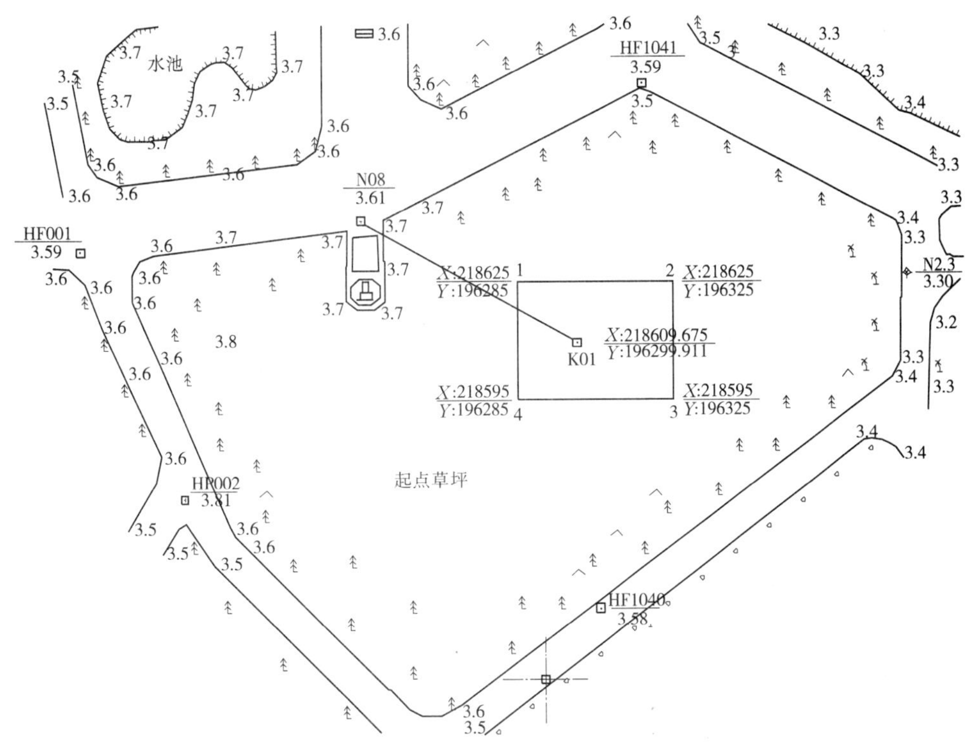

图 2-30　建筑物平面位置测设示意图

范例。

八、实验报告

实验报告的编写参见实验报告范例。

实验十七　导线测量

一、导线测量的技术要求

(一)一、二、三级导线测量的技术要求

一、二、三级导线测量的技术要求如表 2-6 所示。

表 2-6　一、二、三级导线测量的技术要求

等级	附合导线长度(km)	平均边长(m)	每边测距中误差(mm)	测角中误差(″)	测回数		方位角闭合差(″)	导线全长相对闭合差
					DJ_2	DJ_6		
一级	3.6	300	±15	5	2	4	$\pm 10\sqrt{n}$	1/14 000
二级	2.4	200	±15	8	1	3	$\pm 16\sqrt{n}$	1/10 000
三级	1.5	120	±15	12	1	2	$\pm 24\sqrt{n}$	1/6 000

注:n 为测站数。

（二）图根导线测量的技术要求

图根导线测量的技术要求如表 2-7 所示。

表 2-7　图根导线测量的技术要求

测图比例尺	附合导线长度（m）	平均边长（m）	导线全长相对闭合差	测回数（DJ_6）	方位角闭合差（″）	测距	
						仪器类型	方法与测回数
1:500	900	80	1/4 000	1	$\pm 40\sqrt{n}$	Ⅱ级	单程观测 1
1:1 000	1 800	150					
1:2 000	3 000	250					

注：n 为测站数。

二、导线测量实验内容

导线测量实验内容包括导线的外业工作与内业计算。各实习小组至少要完成一条二级（或三级）闭合或附合导线，导线点数为 4 ~7 个点，导线长度不短于 1.0 km。

导线测量的外业工作包括踏勘选点、建立标志、量边和测角，要求小组成员协同完成。内业计算要求小组成员独立完成，计算出各导线点坐标。

三、导线测量的布设形式

根据各实验小组测区的实际情况可布设闭合导线、附合导线、支导线这三种基本形式的导线。

四、导线测量的外业工作

（一）踏勘选点

在踏勘选点之前，先查看测区原有的地形图、高级控制点的所在位置、已知数据（点的坐标与高程）等。在图上规划好导线的布设线路，然后按规划线路到实地去踏勘选点。现场踏勘选点时，应注意以下几点：

（1）相邻导线点间通视良好，以便于角度测量和距离测量。

（2）点位应选在土质坚实、便于保存之处。

（3）在导线点位上视野应开阔，便于测绘周围的地物和地貌。

（4）导线边长应按有关规定，最长不超过平均边长的 2 倍，尽量不使相邻边长长短相差悬殊。

（5）导线点在测区内要布点均匀，便于控制整个测区。

（6）导线点应避免选在影响交通的道路上。

导线点位选定以后，在泥地上，要在点位上打一木桩，桩顶上钉一小钉，作为临时性标志。在碎石或沥青路面上，可以用顶上凿有十字纹的大铁钉代替木桩。在混凝土场地或路面上，可以用钢凿凿一十字纹，再涂红漆使标志明显。

导线点应分等级统一编号，以便于测量资料的管理。导线点埋设以后，为了便于在观测和使用时寻找，可以在点位附近房角或电线杆等明显地物上用红漆指示导线点的位置，并绘制“点之记”。

（二）导线边长测量

导线边长可以用检定过的钢尺往返丈量，也可以用全站仪测量导线的边长。根据表2-6，导线每边测距中误差应不超过 ±15 mm，现今市场上出售的绝大部分全站仪每千米测距中误差均不超过 ±5 mm，完全能够达到规范规定的测距要求。

导线测量时应测导线边的斜距，同时用中丝法测量竖直角，然后把斜距改算成平距。

（三）导线转折角测量

导线的转折角是在导线点上由相邻两导线边构成的水平角。导线的转折角分为左角和右角，在导线前进方向左侧的水平角称为左角，右侧的称为右角。在导线转折角测量时，闭合导线测量内角，附合导线测量左角，亦可以测量右角。对于单角可用测回法观测，多于2个方向用方向观测法观测，一级及以下导线方向观测法各项限差见表2-5。

五、导线测量的内业计算

导线测量内业计算主要是计算导线点的坐标。在计算之前，应全面检查导线测量的外业记录，有无遗漏或记错，是否符合测量的限差要求。然后绘制导线略图，在图上注明已知点（高级点）及导线点点号、已知点坐标、已知边坐标方位角、导线边长和角度观测值。

进行导线计算时，应利用计算器，在规定的表格中进行。数值计算时，角度值取至秒（″），长度和坐标值取至毫米（mm）。

按外业测量的记录数据进行导线测量内业计算，计算时应注意导线的角度闭合差与导线全长相对闭合差是否符合施测导线级别的限差。各级导线的闭合差限差参见表2-6和表2-7。若各项限差符合要求，可进行闭合差的调整，最后算出各导线点的平面坐标。

作业一　附合（闭合）导线的计算

一、作业目的

掌握导线计算的方法和步骤。

二、作业要求

每人根据作业题计算一份成果表。

三、作业仪器及工具

计算器一个，自备2H或3H铅笔一支。

四、作业方法和步骤

参见教材中的有关章节。

五、作业题

试根据表2-8中的已知数据和图2-31中的观测数据计算HF001、HF002、HF003、HF004四点的坐标。

六、导线坐标计算

导线坐标计算表由实验室提供，将计算成果填入表中。

表 2-8　控制点成果

点名	等级	纵坐标 X(m)	横坐标 Y(m)	高程(m)
HE1052	一级导线	218 619.901	195 733.680	2.975
HE1053	一级导线	218 616.761	195 998.001	3.616
HE1056	一级导线	218 240.052	196 387.896	3.482
HE1057	一级导线	218 125.639	196 679.311	3.241

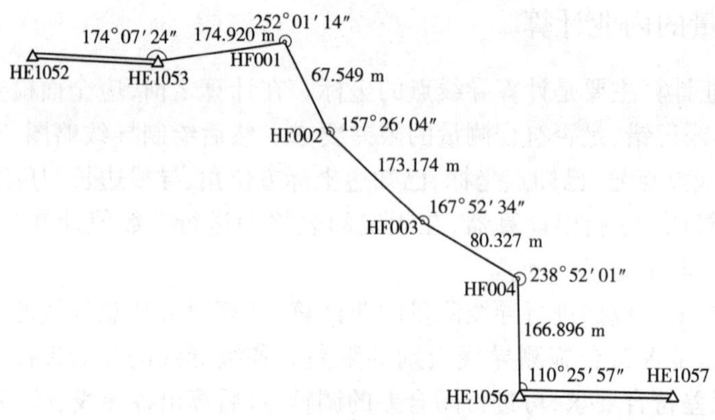

图 2-31　附合导线观测成果

作业二　解析法面积计算

一、作业目的

掌握解析法面积计算的方法和步骤。

二、作业要求

要求每人会运用可编程计算器编制的程序计算多边形的面积。

三、作业仪器及工具

可编程计算器一个，铅笔，面积计算表一张。

四、作业方法和步骤

参见教材。

五、作业题

已知 5 个界址点的坐标见表 2-9，求这 5 个界址点所围成多边形的面积。

表 2-9　界址点坐标

点号	纵坐标 X(m)	横坐标 Y(m)
J1	1 234.567	7 654.321
J2	1 382.579	7 859.310
J3	1 234.765	8 059.887
J4	990.683	7 974.371
J5	994.509	7 709.326

作业三　地形断面图的绘制

一、作业目的

掌握利用地形图绘制地形断面图的方法和步骤。

二、作业要求

要求每人独立绘制 1 ~ 2 个指定的断面。

三、作业仪器及工具

三棱比例尺一个，大分规一个，三角板一副，米格纸一张，铅笔，橡皮。

四、作业方法和步骤

为了明显表示地面的起伏情况，绘图的高程比例尺一般是水平比例尺的 10 ~ 20 倍，水平比例尺最好与地形图比例尺一致。水平比例尺范围一般为 1∶500 ~ 1∶10 000，高程比例尺范围一般为 1∶50 ~ 1∶1 000，依具体情况而定。

(1) 如图 2-32 所示，首先在米格纸上绘制一水平线 MN，作为水平距离轴线，过水平线的起点 M 作 MN 的垂线为高程轴线，高程标尺的注记可从一合适高程开始，以便节约用纸。

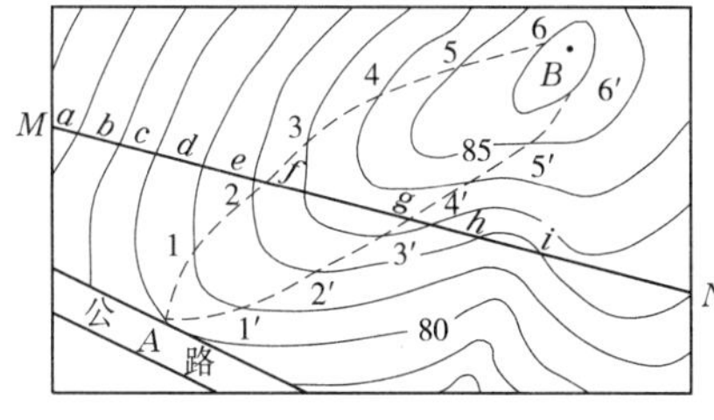

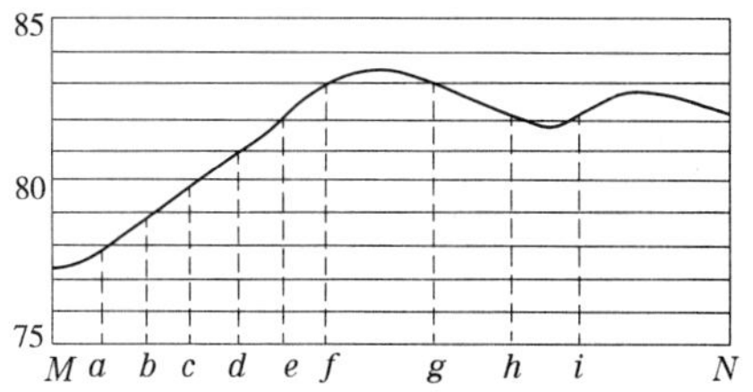

图 2-32　地形断面图的绘制原理

(2) 在地形图上用卡规自起点 M 分别卡出 M 点至 $a,b,c,\cdots,i,N$ 各点的距离($a,b,c,\cdots,i,N$ 等点为地形断面与等高线的交点或断面上的控制点，如山顶、山谷等)，再在地形图上读取各点的高程，在高程轴线上画出相应的垂线，定出各点在断面图上的位置。

(3)用光滑的曲线将各高程顶点连接起来，即得 *MN* 方向的断面图。

五、作业题

作业题和地形图均由任课教师提供。

第三章　苏州一光 RTS110 系列全站仪的使用方法

第一节　苏州一光 RTS110 系列全站仪的基本操作

一、苏州一光 RTS110 系列全站仪的构造与键盘设置

（一）苏州一光 RTS110 系列全站仪的构造

苏州一光 RTS110 系列全站仪的构造见图 3-1。

图 3-1　苏州一光 RTS110 系列全站仪

（二）显示屏

采用点阵图形式液晶显示（LCD，S 系列）或自发光图形式液晶显示（OLCD），可显示 4 行，每行 8 个汉字；测量时第一、第二、第三行显示测量数据，第四行显示对应测量模式中的按键功能，仪器显示分测量模式与菜单模式两种，各显示符号的意义见表 3-1。

（三）苏州一光 RTS110 系列全站仪的键盘设置

苏州一光 RTS110 系列全站仪的键盘设置见图 3-2，键盘功能见表 3-2。

表 3-1　RTS110 系列全站仪各显示符号的意义

符号	意义	符号	意义
VZ	天顶距	PT#	点号
VH	高度角	ST/BS/SS	测站/后视/碎部点标识
V%	坡度	Ins. Hi（I. HT）	仪器高
HR/HL	水平角（顺时针增/逆时针增）	Ref. Hr（R. HT）	棱镜高
SD/HD/VD	斜距/平距/初算高差	ID	编码登记号
N	北向坐标	PCODE	编码
E	东向坐标	P1/P2/P3	第一/二/三页
Z	高程		

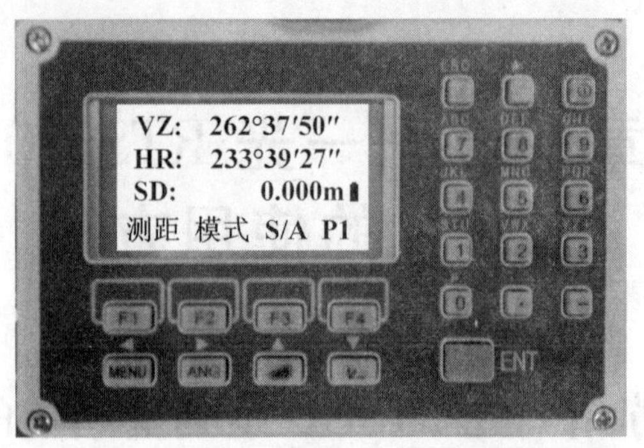

图 3-2 苏州一光 RTS110 系列全站仪的键盘设置

表 3-2 键盘功能

按键	第一功能	第二功能
F1 ~ F4	对应于第四行显示的功能	功能参考显示屏最下面一行所显示的信息
0 ~ 9	输入相应的数字	输入字母或特殊符号
⏻	电源开/关	
★	星键,进入快捷设置模式	
ESC	退出键,退出各种菜单功能	
MENU	进入仪器主菜单	字符输入时光标向左移 内存管理中查看数据上一页
ANG	切换至角度测量模式	字符输入时光标向右移 内存管理中查看数据下一页
◢	切换至距离测量模式	向前翻页 内存管理中查看上一点数据
↳	切换至坐标测量模式	向后翻页 内存管理中查看下一点数据
ENT	确认数据输入	

二、苏州一光 RTS110 系列全站仪的安置

仪器的安置包括整平与对中,全站仪的快速对中整平方法同第二章实验五经纬仪的对中整平。苏州一光 RTS110 系列全站仪的对中器有光学对中器和激光对中器两种,在此介绍激光对中器的使用方法。

(1)仪器开机后,按[★]键进入星键模式,如图 3-3 所示。

(2)按[F3]键进入下对点调节菜单。激光的亮度有 4 挡:1 挡亮度最低,激光点直径较小;4 挡亮度最大,激光点直径较大;调到 0 挡,则关闭激光器。按[F1]键向上调节亮度,按[F2]键向下调节亮度。

(3)对中整平完成后,按[ESC]键返回到上一级菜单。

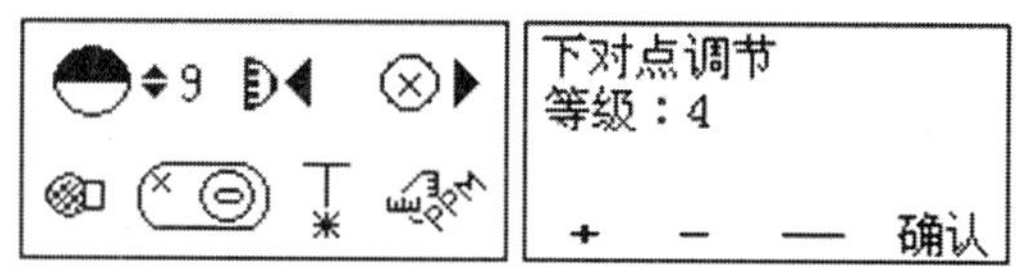

图 3-3　激光对中器的使用方法

三、星键(★键)模式

星键模式设置内容和步骤如下。

(一)调节显示屏对比度

按向上[▲]或向下[▼]方向键,数字改变的同时,屏幕显示对比度也同时改变,如图 3-4所示。

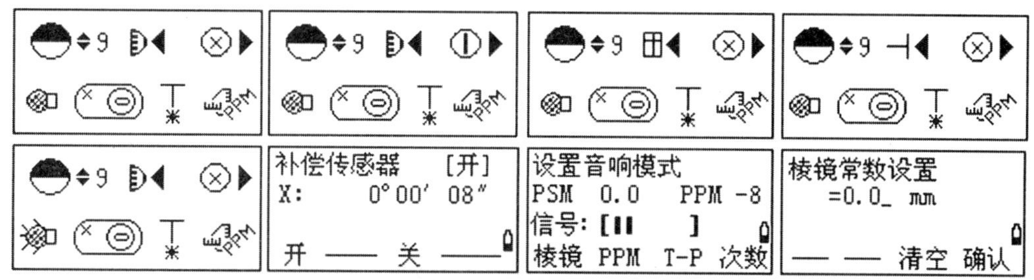

图 3-4　星键模式

(二)设置测距模式

按向左[◀]方向键,测距模式将在棱镜测距、反射片测距和无棱镜测距(110R)模式之间切换,图标也会发生改变。

(三)设置激光指向开关

按向右[▶]方向键,可以开启/关闭激光指向功能,图标也会发生改变。

(四)设置液晶屏背光

按软键[F1]键,可以打开/关闭显示屏背光。

(五)设置补偿器

按软键[F2]键,可以进入补偿传感器设置界面,按软键[F1]键打开补偿器,按软键[F3]键关闭补偿器。

(六)设置激光对中器

按软键[F3]键,可以进入下对点调节界面。

(七)设置音响模式

按软键[F4]键,进入设置音响模式。

1. 回光信号查看

仪器照准棱镜后,可以查看回光信号强度,同时蜂鸣器会发出响声。

2. 设置棱镜常数

按软键[F1](棱镜)键,进入棱镜常数设置界面,显示当前棱镜常数值。输入修改的棱镜常数后,按软键[F4](确认)键保存设置。

3. 设置气象改正

按软键[F3](T－P)键,进入温度和气压设置界面,仪器显示当前的设置值(见图 3-5)。

按[▲]、[▼]键将光标上下移动来切换温度或气压的输入。输入正确的温度、气压值后，按软键[F4](确认)键保存设置。

温度和气压设置
温度=20 ˚C
气压：1013.0 hPa
—— —— 清空 确认

测距次数设置
次数=3
—— —— 清空 确认

图 3-5 设置气象改正与测距次数

4. 设置测距次数

按软键[F4](次数)键，进入测距次数设置界面，仪器显示当前的测距次数设置。输入需要的测距次数，按软键[F4](确认)键保存设置。

测距次数的设置范围：1～99。

第二节 苏州一光 RTS110 系列全站仪的常规测量

一、常规测量模式的进入

开机即进入常规测量角度测量模式界面。如图 3-6 所示，在显示屏下面，有三个按键可以切换常规测量模式。

图 3-6 切换常规测量模式按键

[↳]：坐标测量模式。在设站、定向、输入仪器高和棱镜高完成的情况下，这里可以测得正确的目标点三维坐标。

[◢]：距离测量模式。该界面可以显示竖直角、水平角、斜距、平距、高差。

[ANG]：角度测量模式。显示水平角和竖直角。

☞常规测量中得到的测量结果只能查看，不能保存到仪器内存中，如果要保存较多的测量数据，请使用数据采集测量模式。

二、角度测量模式

在常规测量界面按[ANG](角度测量)键进入角度测量模式，各软键功能解释见表 3-3。

表 3-3 角度测量模式各软键功能

页数	软键	显示符号	功能
1	F1	置 0	水平角设置为 0°00′00″
	F2	锁定	水平角度数锁定
	F3	置盘	通过键盘输入数字设置水平角
	F4	P1	显示第二页软功能键

续表 3-3

页数	软键	显示符号	功能
2	F1	补偿	进入补偿设置
	F2	复测	角度重复测量模式
	F3	坡度	竖直角百分比坡度显示
	F4	P2	显示第三页软功能键
3	F1	蜂鸣	设置水平角、竖直角蜂鸣开关
	F2	左右	水平角右/左计数方向的转换
	F3	竖角	竖直角显示格式
	F4	P3	显示第一页软功能键

三、距离测量模式

距离测量模式有斜距测量模式和平距测量模式两种显示界面，在斜距测量模式界面显示屏显示竖直角、水平角和斜距；平距测量模式界面显示水平角、平距和高差。

如图 3-7 所示，在常规测量界面按[◢]（距离测量）功能键一次进入斜距测量模式界面，再次按[◢]（距离测量）功能键将进入平距测量模式界面，各软键功能解释见表 3-4。

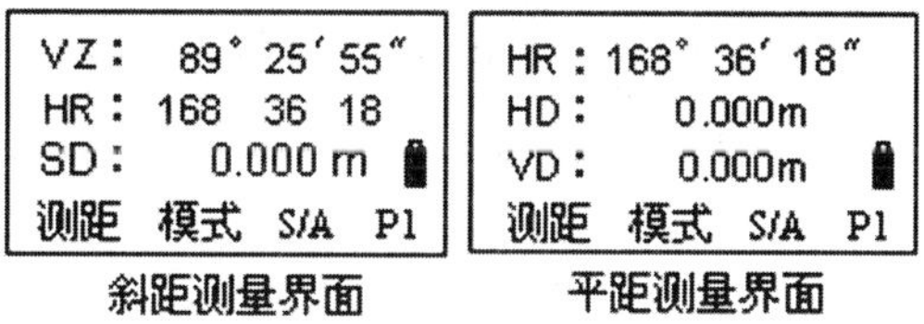

VZ： 89° 25′ 55″
HR： 168 36 18
SD： 0.000 m
测距 模式 S/A P1

斜距测量界面

HR：168° 36′ 18″
HD： 0.000m
VD： 0.000m
测距 模式 S/A P1

平距测量界面

图 3-7 距离测量模式

表 3-4 测距模式各软键功能

页数	软键	显示符号	功能
1	F1	测距	启动距离测量
	F2	模式	设置测距模式
	F3	S/A	进入设置音响模式
	F4	P1	显示第二页软功能键
2	F1	偏心	进入偏心测量
	F2	放样	进入距离放样模式
	F3	m/f/i	距离单位米与英寸之间的转换
	F4	P2	显示第一页软功能键

进行距离测量前应首先完成以下设置：

测距模式，反射器类型，棱镜常数改正值，大气改正值，EDM 接收信号检测。

注意事项：

(1)确认仪器设置的目标类型与实际测量目标类型相符，110R/R5 系列仪器会自动调节输出的激光强度并使显示的距离观测值范围与所用的目标类型相匹配，否则将影响测量结果的精度。

(2)物镜上的污渍会影响测量精度，保养时先用镜头刷刷去物镜上的灰尘，再用绒布擦拭。

(3)对于 110R/R5 系列仪器，在无协作目标测量时，如果在仪器与所测目标间有高反射率的物体(如金属或白色面)阻碍，测量结果的精度将受影响。

(一)测距信号检测

测距信号检测功能用于确认经目标反射回来的测距信号强度是否足以进行距离测量，对远距离测量尤为适用。

(1)仪器精确照准目标。

(2)在星键模式下可以查看测距回光信号。

参照本书第三章第一节“三、星键(★键)模式”第 7 步回光信号查看。

该信号值越大，表示返回的信号越强，当回光信号较强时，信号会自动调整到 20～40 内。

(3)按[ESC]键结束测距信号检测，返回距离测量模式下。

(二)测距模式设置

(1)在常规测量界面按[◢]键进入距离测量模式，如图 3-8 所示。

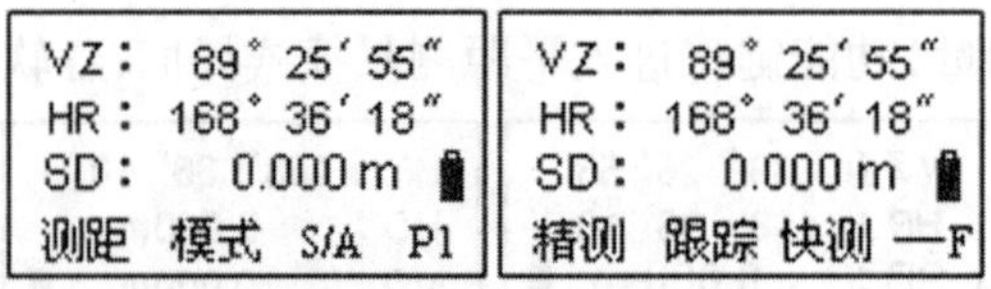

VZ： 89° 25′ 55″	VZ： 89° 25′ 55″
HR： 168° 36′ 18″	HR： 168° 36′ 18″
SD： 0.000 m	SD： 0.000 m
测距 模式 S/A P1	精测 跟踪 快测 —F

图 3-8 测距模式设置

(2)在测距模式第 1 页，按[F2](模式)键，仪器最下面一行软键出现变化，由 F1～F3 对应为精测、跟踪、快测三种测距模式。

(3)选择你要的测距模式后，仪器返回到上一屏。

提示：

测距模式设置为精测，即精确测量，则最后显示的距离值为距离测量的平均值。平均测量的次数为[S/A]设置音响模式里设置的测距次数。

测距模式设置为跟踪，即跟踪测量，启动跟踪测量后，仪器的 EDM 一直处于工作状态，当按下[ESC](退出)键后，EDM 才会停止工作。跟踪测量测距速度快，但显示的距离值只精确到小数点后两位。

测距模式设置为快测，即快速测量，则仪器不停地进行距离测量，测距速度快，但显示的距离值只精确到小数点后两位，退出快测按下[ESC](退出)键即可。

(三)设置音响模式

在设置音响模式下，可以输入棱镜常数改正值、温度、气压，设置大气改正乘常数和测距次数。

可参照本书第三章第一节“三、星键(★键)模式”中内容。

(四)距离和角度测量

仪器可以同时对距离和角度进行测量。

(1)仪器照准目标棱镜中心,按[F1](测距)键开始距离测量,如图 3-9 所示。

VZ: 89°25′55″
HR: 168°36′18″
SD* [r] m
测距 模式 S/A P1

VZ: 89°25′55″
HR: 168°36′18″
SD: 88.888 m
测距 模式 S/A P1

HR: 168°36′18″
HD: 88.884 m
VD: 0.881 m
测距 模式 S/A P1

图 3-9 距离和角度测量

(2)测距开始后,仪器闪动显示测距模式。一声短响后屏幕上显示出斜距、竖直角和水平角的测量值,测距结束后,再次按[◢]键,平距和高差值会显示在屏幕上。

(3)在测距的过程中,如需中断测距,按[ESC]键停止距离测量即可。

(五)偏心测量和测距单位的改变

(1)有关偏心测量的内容见仪器说明书。

(2)如图 3-10 所示,在测距模式下,翻到第二页,按[F3](m/f/i)键,可以改变距离的计量单位。

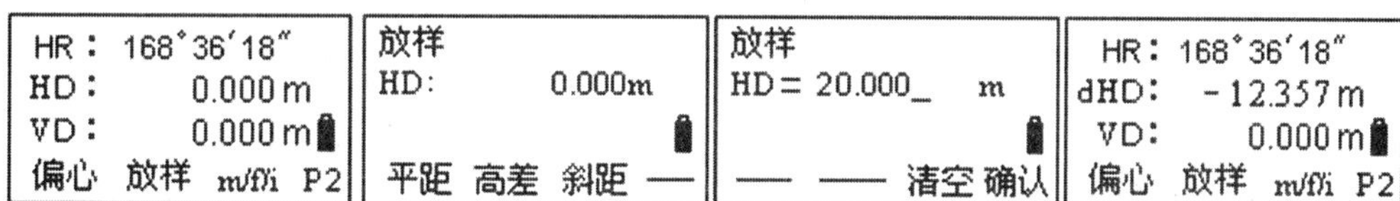

图 3-10 测距单位的改变

(六)距离放样测量

(1)在平距测量模式下,按[F4]键进入第二页,如图 3-11 所示。

HR: 168°36′18″
HD: 0.000 m
VD: 0.000 m
偏心 放样 m/f/i P2

放样
HD: 0.000m
平距 高差 斜距 —

放样
HD = 20.000_ m
— — 清空 确认

HR: 168°36′18″
dHD: -12.357 m
VD: 0.000 m
偏心 放样 m/f/i P2

图 3-11 距离放样测量

(2)按[F2](放样)键进入放样测量模式显示。

(3)按[F1](平距)键,输入要放样的平距值,按[F4](确认)键回到平距模式第二页。

(4)按[F4]键返回到第一页,照准目标按[F1](测距)键开始测距。

(5)显示值(dHD) = 观测的距离值 - 标准(预置)的距离。

差值为正时向仪器方向移动,差值为负时向远离仪器方向移动。

☞可以进行各种距离模式放样,如平距(HD)、高差(VD)、斜距(SD)的放样。

(6)如果需要恢复到正常测量模式,可以将放样距离设为 0 m 或关机即可。

四、坐标测量模式

在常规测量界面按[↳](坐标测量)功能键进入坐标测量模式。坐标测量模式各页软键功能见表 3-5。

表 3-5　坐标测量模式各软键功能

页数	软键	显示符号	功能
1	F1	测距	启动距离测量
	F2	模式	设置测距模式
	F3	S/A	设置音响模式
	F4	P1	显示第二页软功能键
2	F1	镜高	输入棱镜高
	F2	仪高	输入仪器高
	F3	测站	输入测站坐标
	F4	P2	显示第三页软功能键
3	F1	偏心	进入偏心测量
	F2	后视	输入后视坐标
	F3	m/f/i	距离显示单位切换
	F4	P3	显示第一页软功能键

☞苏州一光 RTS110 系列全站仪的坐标测量模式不能将测量的坐标存入仪器内存。

坐标测量的步骤如下：

(1)在开始坐标测量前，首先做好与测距有关的设置工作，如测距模式的选择，在[S/A]设置音响模式下，查看棱镜常数的输入是否正确，大气改正是否得到正确的实施，设置测距次数等。

(2)在坐标测量模式第一页，按[F4](P1)键，翻到第二页，如图 3-12 所示。

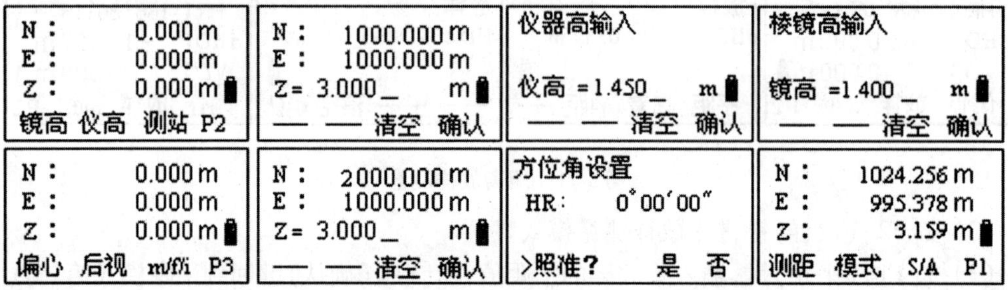

图 3-12　坐标测量

(3)按[F3](测站)键，输入测站点三维坐标。

(4)按[F2](仪高)键，输入测站仪器高。

(5)按[F1](镜高)键，输入目标点棱镜高。

(6)按[F4](P2)键，翻到坐标测量模式第三页。

(7)按[F2](后视)键，输入后视点坐标，确认后仪器算出测站到后视点的方位角，然后转动仪器照准部瞄准后视点，按[F3](是)键，仪器即完成了定向工作。

(8)按[F4](P3)键，翻到坐标测量模式第一页。

(9)照准待定点的棱镜，按[F1](测距)键，即可测出待定点的三维坐标。

第三节 苏州一光 RTS110 系列全站仪的数据采集测量

RTS110 系列全站仪数据采集操作步骤如下：

(1)选择数据采集文件。仪器所采集的测量数据存储在该文件中。

(2)进入数据采集设置菜单，做好跟数据采集有关的设置。

(3)选择坐标数据文件。可进行测站坐标数据及后视坐标数据的调用(当无须调用已知点坐标数据时，可省略此步骤)，当在数据采集的设置菜单里设置坐标自动计算时，仪器计算的测点坐标亦存储在该坐标文件里。

(4)设置测站点。包括仪器高和测站点号及坐标。

(5)设置后视点。通过测量后视点进行定向，确定方位角。

(6)设置待测点的棱镜高，开始采集，存储数据。

一、选择数据采集文件

在此选择或输入的文件为测量文件，数据采集得到的数据将存储在该测量文件名下。

(1)在基本测量模式下，按[MENU]键进入主菜单显示，如图 3-13 所示。

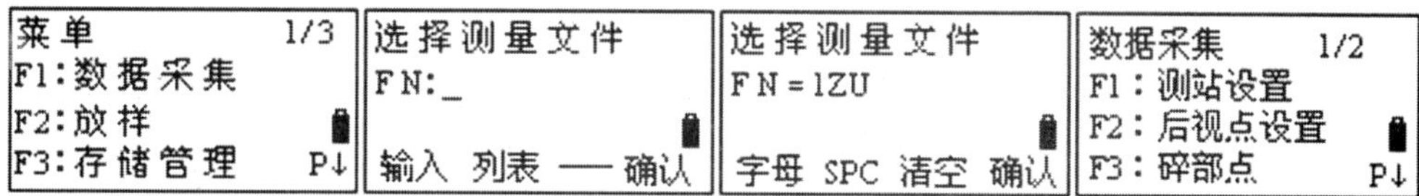

图 3-13 选择数据采集测量文件

(2)按[F1]键进入数据采集选择测量文件界面。按[F2](列表)键，可以调用已存储在仪器内的测量文件。

(3)按[F1](输入)键，输入需要存储的测量文件名 1ZU，按[F4](确认)键确认。

(4)进入数据采集菜单，显示数据采集菜单第一页。

二、数据采集设置菜单

(1)使仪器处于数据采集菜单界面第二页，如图 3-14 所示。

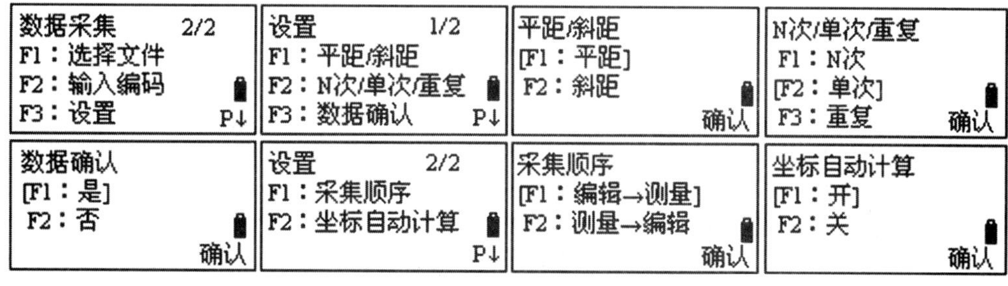

图 3-14 数据采集设置菜单

(2)按[F3](设置)键进入设置菜单界面第一页。

(3)按[F1]键进入距离显示设置界面，[ ]选项内表示当前屏幕显示的距离模式，按[F1]键选定显示为“平距”，按[F2]键选定显示为“斜距”，设置完成按[F4](确认)键，返回到设置菜单第一页。建议选择[F1](平距)。

(4)按[F2]键进入测距模式设置界面,[ ]选项内表示当前设置的测距模式,按[F1]键选定测距模式为N次测量,按[F2]键选定为单次精测,按[F3]键选定为重复精测,设置完成按[F4](确认)键,返回到设置菜单第一页。建议选择[F2](单次精测)。

(5)按[F3]键进入数据确认设置界面,按[F1]键表示数据采集完成后需要确认再记录,按[F2]键表示无须确认直接记录,设置完成按[F4](确认)键,返回到设置菜单第一页。建议选择[F1](是)键。

(6)在设置菜单第一页,按[F4]键翻到设置菜单第二页。

(7)按[F1]键进入采集顺序设置界面,按[F1]键表示先编辑后测量,按[F2]键表示先测量后编辑,设置完成按[F4](确认)键,返回到设置菜单第二页。建议选择[F1](编辑→测量)键。

(8)按[F2]键进入坐标自动计算设置界面,按[F1]键表示打开坐标自动计算功能,按[F2]键表示关闭坐标自动计算功能,设置完成后,仪器自动退出。建议选择[F1](开)键。

当打开了坐标自动计算功能后,数据采集过程中仪器会自动计算所测碎部点的坐标数据,并存储到你选定的坐标文件中,可以作为控制点进行调用或下载。

三、选择坐标文件

若需要调用坐标数据文件中的坐标作为测站点或后视点坐标用,则预先应选择一个坐标文件,否则仪器不知道去哪里调用坐标。

(1)确认仪器处于数据采集菜单第二页,如图3-15所示。

图3-15 选择坐标文件

(2)按[F1]键进入选择文件界面。

(3)按[F2]键,选择坐标文件。

(4)按[F2](列表)键,仪器中的坐标文件将列表显示出来,按上、下方向键移动光标,选择一个坐标文件后,按[F4](确认)键。仪器返回数据采集菜单第二页。

四、测站设置

在设置测站过程中,测站坐标和点号可以人工通过键盘输入,也可以在仪器内存中读取,另外还要输入仪器高。

(一)利用内存中的坐标快速设置测站(坐标文件已选定)

如果观测者能够记住已知控制点的点号,可以快速设置测站信息,其步骤如下:

(1)使仪器处于数据采集菜单第一页,如图3-16所示。

(2)按[F1]键进入测站设置,显示测站点输入界面。

(3)将光标上、下移动输入测站点号、编码(编码可以不输)和仪器高,按[F3](记录)键。

(4)仪器显示内存里的测站坐标,正确则按[F4](是)键。

数据采集 1/2
F1：测站设置
F2：后视点设置
F3：碎部点 P↓

点号 >
标识符：
仪高 ： 0.000m
输入 查找 记录 测站

点号 ：A
标识符：
仪高 > 1.450m
输入 查找 记录 测站

N： 1000.000m
E： 1000.000m
Z： 3.000m
>OK? [否] [是]

点号 ：A
标识符：
仪高 > 1.450m
>记录? [是] [否]

点号 ： A
标识符：
覆盖 ？
—— —— [是] [否]

数据采集 1/2
F1：测站设置
F2：后视点设置
F3：碎部点 P↓

图 3-16 利用内存中的坐标快速设置测站

(5)仪器再次进入测站点输入界面,提示是否记录测站信息,没有问题则按[F3](是)键。

(6)仪器提示是否覆盖 A 点坐标信息,按[F4](否)键。

(7)仪器记录测站信息返回到数据采集菜单第一页。

(二)利用键盘手动设置测站

(1)使仪器处于数据采集菜单第一页,如图 3-17 所示。

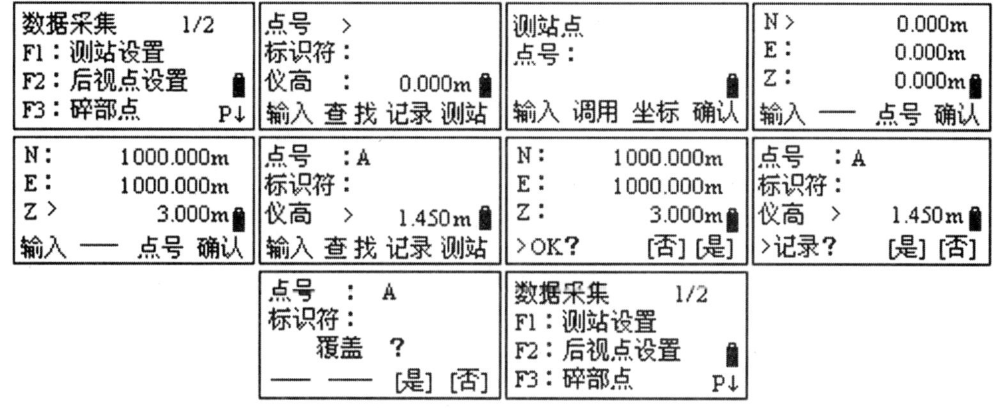

图 3-17 利用键盘手动设置测站

(2)按[F1]键进入测站设置,显示测站点输入界面。

(3)按[F4](测站)键,进入测站点输入界面。

(4)按[F3](坐标)键进入测站坐标输入界面,现在可以手动键盘输入测站点坐标。

(5)通过键盘输入 N 坐标按[F4](确认)键,输入 E 坐标按[F4](确认)键,输入 Z 坐标按[F4](确认) 键。

(6)仪器进入测站点号输入界面,上下移动光标,输入测站点号、编码和仪器高(编码可以不输),按[F3](记录)键。

(7)仪器再次显示输入的测站坐标,正确则按[F4](是)键。

(8)仪器再次进入输入测站点界面,没有问题则按[F3](是)键,仪器记录测站信息。

(9)仪器提示是否覆盖 A 点坐标信息,按[F4](否)键。

(10)仪器退出测站设置界面,返回到数据采集界面第一页。

五、后视点设置

后视点设置亦即测站定向,所有测量值和坐标计算都与测站定向有关。在定向过程中,可以通过手工方式输入后视点信息,也可调用内存中的点输入后视点信息。

(一)利用内存中的坐标设置后视点(坐标文件已选定)

(1)使仪器处于数据采集界面第一页,如图3-18所示。

数据采集 1/2 F1:测站设置 F2:后视点设置 F3:碎部点 P↓	后视点 > 标识符: 镜高 : 1.400m 输入 置零 测量 后视	后视 点号: 输入 列表 NEAZ 确认	[HAIDA] >A B 阅读 查找 —— 确认

图3-18 利用内存中的坐标设置后视点(一)

(2)按[F2]键进入后视点设置,显示后视点输入界面。

(3)按[F4](后视)键进入后视点点号输入界面。

(4)按[F2](列表)键可调用已经存储在仪器内的坐标,按上、下键可以选择需要调用的点号,按[ENT]键确定调用。

☞按[F1](阅读)键可以查看当前选定点的坐标。

(5)仪器显示内存里的后视点坐标,正确则按[F4](是)键,如图3-19所示。

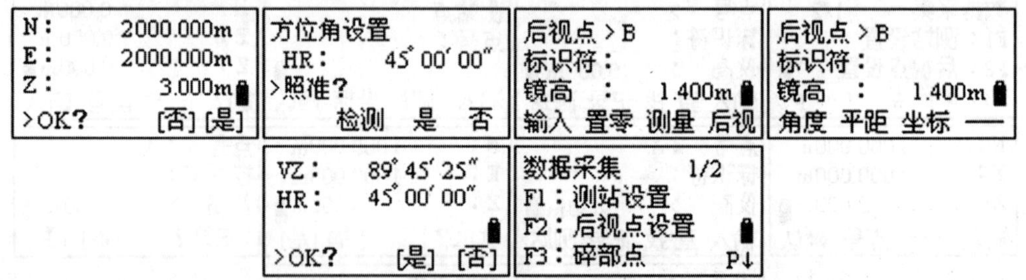

图3-19 利用内存中的坐标设置后视点(二)

(6)仪器即刻算出测站到后视点的方位角,转动照准部照准后视点后按[F3](是)键。

(7)仪器进入输入后视点界面,光标下移可以输入后视点编码和棱镜高。

(8)按[F3](测量)键,最下面一行软键发生变化,提示复测后视点的角度、平距或坐标。

按[F1](角度)键,仅对后视点的角度进行复测,仪器复测的水平角应与测站到后视点的方位角一致。

按[F2](平距)键,对后视点的角度和平距进行复测;仪器复测的水平角应与测站到后视点的方位角一致,水平距离应与测站到后视点的平距一致。

按[F3](坐标)键,对后视点的坐标进行复测。仪器复测出的后视点坐标应与已知的后视点坐标一致。

(9)按[F1](角度)键复测后视点角度,复测结束,正确按[F3](是)键。

(10)仪器退出回到数据采集界面第一页。

(二)利用键盘手动设置后视点

(1)使仪器处于数据采集界面第一页,如图3-20所示。

(2)按[F2]键,进入后视点设置,显示后视点输入界面。

(3)按[F4](后视)键,进入后视点号输入界面。

(4)按[F3](NEAZ)键,可以键盘输入后视点的坐标。

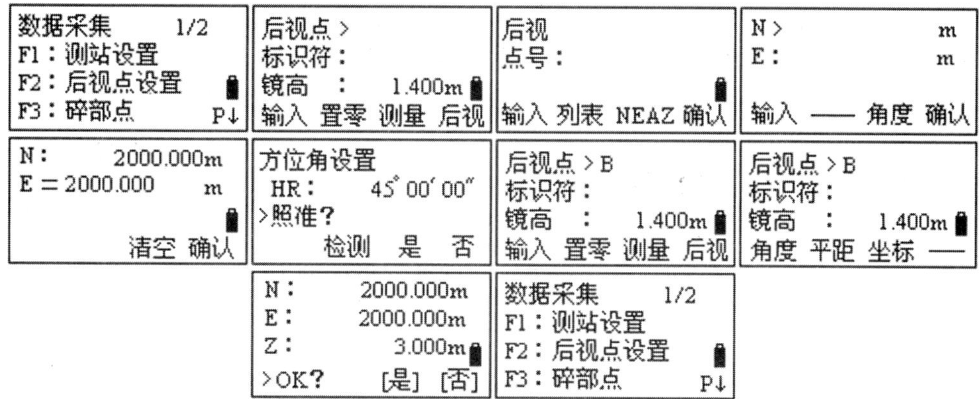

图 3-20 利用键盘手动设置后视点

(5)通过键盘输入 N 坐标按[F4](确认)键,输入 E 坐标按[F4](确认)键。

(6)仪器即刻算出测站到后视点的方位角,转动照准部照准后视点后按[F3](是)键。

(7)仪器进入输入后视点界面,上下移动光标,输入后视点号、编码和仪器高(编码可以不输)。

(8)按[F3](测量)键。最下面一行软键发生变化,提示复测后视点的角度、平距或坐标。

(9)按[F3](坐标)键复测后视点坐标,复测结束,正确按[F3](是)键。

(10)仪器退出回到数据采集菜单第一页。

六、碎部点数据的测量与存储

(1)使仪器处于数据采集菜单界面第一页,并已完成测站和后视点的设置,如图 3-21 所示。

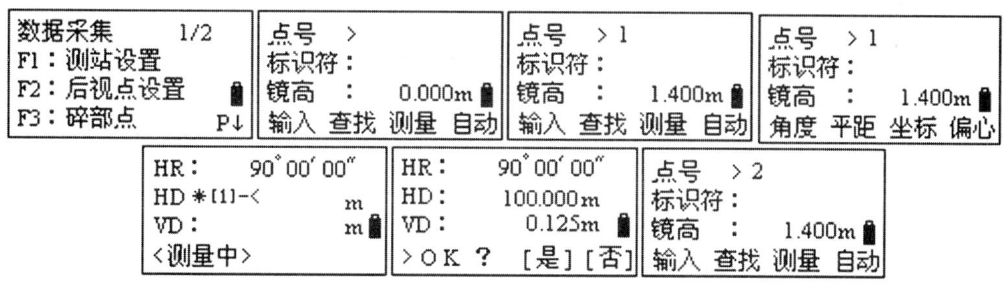

图 3-21 碎部点数据的测量与存储

(2)按[F3]键进入碎部点测量界面。

(3)按[F1](输入)键,依次输入点号、编码、棱镜高。

(4)按[F3](测量)键,仪器最下面一行软键发生变化。

角度:采集碎部点的角度数据,即 VZ,HR。

平距:采集碎部点的角度、距离数据,即 VZ、HR、HD、VD。

坐标:采集碎部点的坐标数据,即 N、E、Z。

偏心:进入偏心测量。

按[F1]~[F4]选择采集数据的格式。

(5)按[F2](平距)键,仪器开始测量碎部点的角度、距离数据。

(6)测量完成后,显示测量结果,提示是否记录,按[F3](是)键,仪器完成对待测点的测量并自动记录数据。

(7)仪器返回到下一点测量界面,点号自动加1,上下移动光标可以输入编码和棱镜高,按[F4](自动)键测量,仪器采集的数据格式默认为上次选定的格式。

☞按[F4](自动)键后,仪器在采集数据时,点号自动加1,属性清空,棱镜高保持不变,请根据需要输入。

注意事项:

当设置了坐标自动计算后,数据采集过程中所测碎部点数据则存储到测量数据文件中,同时仪器会自动计算每一个碎部点的坐标数据存储到指定的坐标数据文件中,可以作为控制点进行调用或数据下载。推荐设置为坐标自动计算,在数据采集时采集碎部点的角度、距离数据,这样一来我们就有两套碎部点的数据,一套是存储在测量数据中的VZ、HR、HD、VD等,另一套是存储在坐标数据文件中碎部点的三维坐标数据。这样做的好处是,当测量出错时便于查找错误,或利用数据下载软件重算坐标数据,以免返工。

第四节　苏州一光RTS110系列全站仪的放样测量

一、进入放样测量

(1)在基本测量模式下,按[MENU]键进入菜单显示,如图3-22所示。

菜单　1/3	选择坐标文件	1ZU　/C0001	放样　1/2
F1:数据采集	FN:	>HAIDA　/C0002	F1:测站设置
F2:放样		2ZU　/C0018	F2:后视点设置
F3:存储管理　P↓	输入 调用 跳过 确认	第一 最后 查找 确认	F3:放样　P↓

图3-22　进入放样测量模式

(2)按[F2]键,进入放样测量选择坐标文件界面。

(3)按[F2](调用)键,可以调用已经存储在仪器内的坐标文件。仪器内存里的坐标文件将列表显示,按向上、向下方向键选择坐标文件,选中文件后,按[F4](确认)键。

☞按[F3](跳过)键可以跳过输入或调用坐标文件,存储的数据无法被调用。

☞按[F1](输入)键,输入坐标文件名,按[F4](确认)键。

(4)进入放样菜单界面第一页。

二、测站设置

(一)利用内存中的坐标设置测站(坐标文件已选定)

(1)使仪器处于放样菜单第一页,如图3-23所示。

(2)按[F1]键,进入测站设置,显示点号选择界面。

(3)按[F2](调用)键,可以调用已经存储在仪器内的坐标,按上、下键可以选择需要调用的点号,按[F4](确认)键调用。

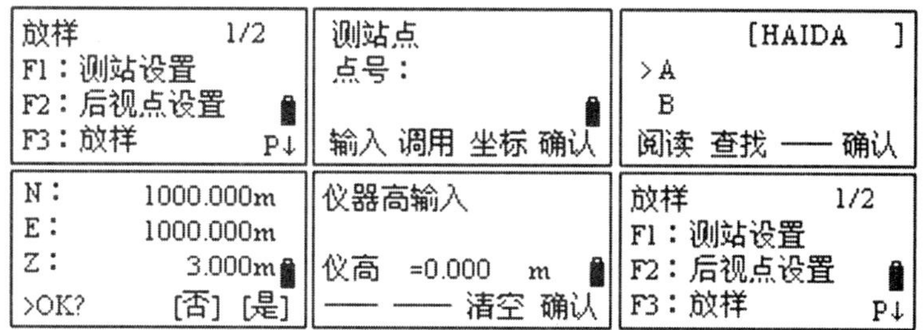

图 3-23 利用内存中的坐标设置测站

☞按[F1](阅读)键可以查看当前选定点的坐标。阅读完成按[ESC](退出)键即可。

(4)仪器显示调用的测站坐标,按[F4](是)键仪器保存测站坐标和点名。

(5)仪器进入仪器高输入界面。输入仪器高后,按[F4](确认)键。

(6)仪器返回放样菜单界面第一页。

(二)利用键盘手动设置测站

(1)使仪器处于放样菜单第一页,如图 3-24 所示。

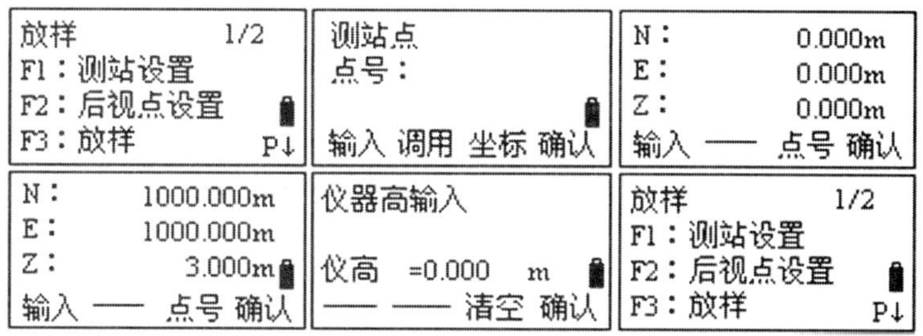

图 3-24 利用键盘手动设置测站

(2)按[F1]键,进入测站设置,显示点号选择界面。

(3)按[F3](坐标)键,可以不调取而直接输入测站点的坐标。

(4)通过键盘输入 N 坐标按[F4](确认)键,输入 E 坐标按[F4](确认)键,输入 Z 坐标按[F4](确认)键。

(5)仪器进入仪器高输入界面,输入仪器高后,按[F4]键确认。

(6)仪器返回放样菜单界面第一页。

三、后视点设置

在放样菜单下的后视点设置与数据采集的后视点设置基本一样,只是少了复测后视点这一步。

(一)利用内存中的坐标设置后视点(坐标文件已选定)

(1)确认仪器处于放样菜单第一页并已完成测站设置,如图 3-25 所示。

(2)按[F2]键进入后视点设置,显示点号选择界面。

(3)按[F2](列表)键可调用已经存储在仪器内存里的坐标,按上、下键可以选择需要调用的点号,按[F4](确认)键调用。

☞按[F1](阅读)键可以查看当前选定点的坐标。

(4)仪器显示内存里的后视点坐标,正确则按[F4](是)键。

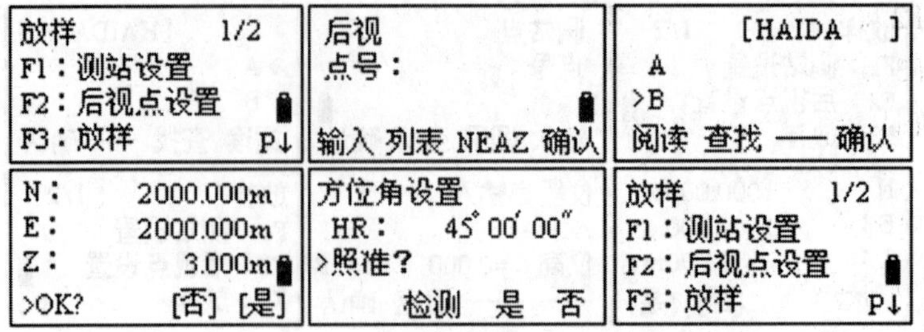

图 3-25 利用内存中的坐标设置后视点

(5)仪器进入定向界面,即方位角设置。仪器即刻显示测站到后视点的方位角,转动仪器照准后视点,按[F3](是)键。

(6)仪器退出后视点设置界面,返回到放样菜单第一页。

(二)利用键盘手动设置后视点

(1)确认仪器处于放样菜单界面并已完成测站设置,如图 3-26 所示。

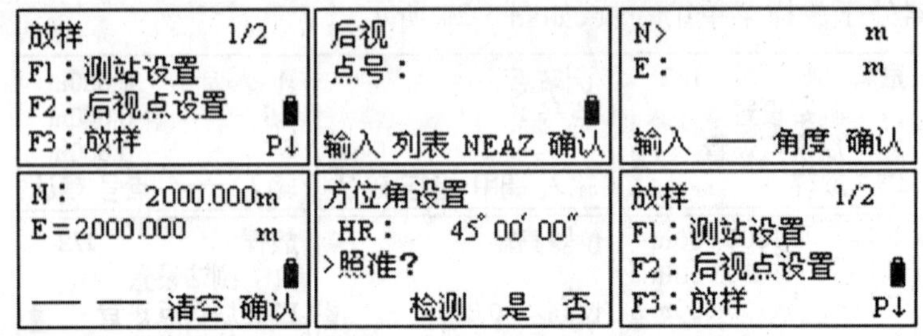

图 3-26 利用键盘手动设置后视点

(2)按[F2]键进入后视点设置,显示点号选择界面。

(3)按[F3](NEAZ)键,进入后视点坐标输入界面。

(4)通过键盘输入 N 坐标按[F4](确认)键,输入 E 坐标按[F4](确认)键。

(5)仪器进入定向界面,即方位角设置。仪器即刻显示测站到后视点的方位角,转动仪器照准后视点,按[F3](是)键。

(6)仪器返回到放样菜单界面第一页。

四、实施放样

(1)确认仪器处于放样菜单第一页,并已完成测站设置和后视点设置如图 3-27 所示。

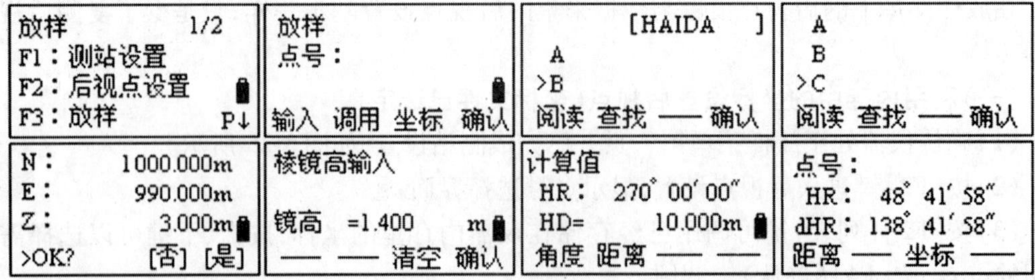

图 3-27 放样测量(一)

(2)按[F3]键进入放样测量,显示放样点号输入界面。

(3)按[F2](调用)键可以调用已经存储在仪器内的坐标。

☞按[F3](坐标)键可以不调取而直接键盘输入放样点的坐标。通过键盘输入 N 坐标按[F4](确认)键,输入 E 坐标按[F4](确认)键,输入 Z 坐标按[F4](确认)键。

(4)按上、下键选择需要调用的点,按[F4] (确认)键调用。

☞按[F1](阅读)键可以查看当前选定点的坐标。阅读完成按[ESC](退出)键即可。

(5)仪器显示内存里放样点的坐标,正确则按[F4](是)键。

(6)仪器进入棱镜高输入界面,输入正确的棱镜高,按[F4] (确认)键。

☞如果只放样点的平面位置,可以不输入棱镜高。

(7)仪器进入极坐标法放样界面,显示计算值。

HR 为测站至放样点的方位角;

HD 为测站至放样点的水平距离。

(8)按[F1](角度)键,进入极坐标法放样的角度部分。

HR:当前水平方向值,即测站到棱镜点的水平方向值(方位角)。

dHR: 对准放样点仪器应转动的水平角;dHR = 当前水平方向值 - 计算水平方向值。

(9)转动仪器,当 dHR =0°00′00″时,即表示放样角度正确。具体操作时,当 dHR 接近 0°时,锁紧水平制动螺旋,调水平微动螺旋使 dHR =0°00′00″。这时,仪器在水平方向应当固定,但望远镜可以上、下转动,如图 3-28 所示。

点号:	dHR: 0° 00′ 00″	dHR: 0° 00′ 00″	dHR: 0° 00′ 00″
HR: 270° 00′ 00″	dHD *[t]-< m	dHD -4.96m	dHD 0.000m
dHR: 0° 00′ 00″	dZ: m	dZ: -0.57m	dZ: 0.000m
距离 —— 坐标 ——	测距 模式 角度 下点	测距 模式 角度 下点	测距 模式 角度 下点

图 3-28 放样测量(二)

(10)按[F1](距离)键启动 EDM 测距。

(11)仪器这时测距只精确到 cm,若要测距精确到 mm,按[F2](模式)键,选择精测测距模式,就可以准确到 mm。

dHD:对准放样点尚差的水平距离;dHD = 实测平距 - 计算平距。

dZ: 对准放样点尚差的高差;dZ = 实测高差 - 计算高差。

(12)指挥棱镜移至仪器分划中心。按[F1](测距)键,前后移动棱镜,当dHR =0°00′00″,dHD =0 时,即放出了点的平面位置。按[F1](测距)键,上、下移动棱镜,当 dZ =0 时,即放出了点的高程位置。

(13)按[F4](下点)键,进入下一个放样点的测设,如图 3-29 所示。

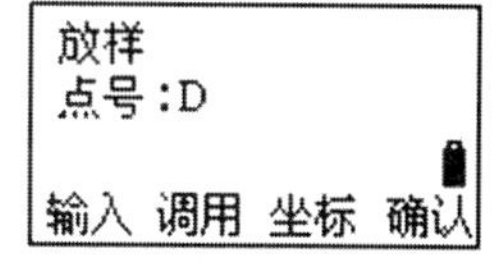

图 3-29 放样测量(三)

五、全站仪放样注意事项

(1)为了在野外作业时方便快捷地调用坐标数据,最好将控制点和放样点的坐标数据录入到全站仪的内存里,数据的录入可以手工用仪器的键盘录入,也可以通过数据通信软件上传到仪器的内存里。

(2)做好跟测距有关的设置,如测距模式、棱镜常数、大气改正、测距次数等。

(3)如果只放样点的平面位置,可以不管仪器高和棱镜高。

(4)当坐标格网因子被设定后,将使用于包括放样在内所有的涉及坐标的测量程序,在绝大多数情况下,格网因子 =1,最好关闭格网因子。

第五节　苏州一光 RTS110 系列全站仪的存储管理

在存储管理模式下,可以对仪器内存中的数据进行各种操作,其内容如下:

文件状态:检查文件和存储数据的量。

查找:查找并浏览点号和数据。

文件维护:修改文件名或删除文件。

输入坐标:将坐标数据输入并存入坐标数据文件。

删除坐标:删除坐标数据文件中的坐标数据。

输入编码:将编码数据输入并存入编码库文件。

数据通信:发送或接收测量数据、坐标数据或编码库文件。

初始化:初始化内存。

一、进入存储管理模式

(1)在常规测量模式下,按[MENU](菜单)键进入仪器菜单显示,如图 3-30 所示。

菜单　1/3	存储管理　1/3	存储管理　2/3	存储管理　3/3
F1:数据采集	F1:文件状态	F1:输入坐标	F1:数据通讯
F2:放样	F2:查找	F2:删除坐标	F2:初始化
F3:存储管理　P↓	F3:文件维护　P↓	F3:输入编码　P↓	F3:U盘　P↓

图 3-30　进入存储管理模式

(2)按[F3](存储管理)键,进入存储管理菜单第一页。

(3)按[F4]键,可对存储管理菜单进行翻页,存储管理菜单共 3 页。

二、查看文件状态

(1)确认仪器处于存储管理界面第一页,按[F1]键选取"文件状态"进入,如图 3-31 所示。

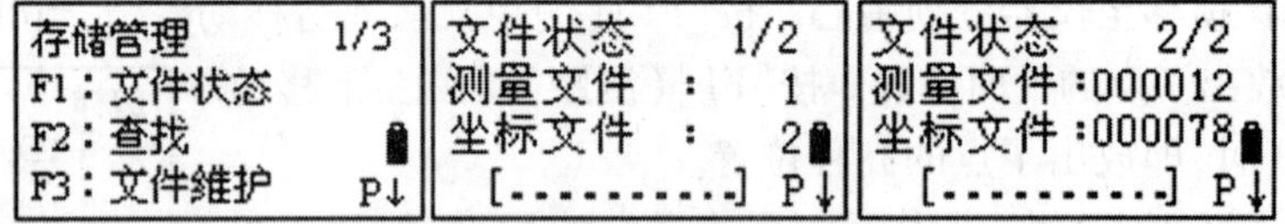

图 3-31　文件状态

(2)仪器显示存储在仪器内的测量文件和坐标文件数。

(3)按[F4]键翻至第二页,该页显示内存中现有的测量数据和坐标数据的点数。

三、查阅数据

该界面可以查看已经存储在仪器内的数据,数据分为:

测量数据:数据采集模式下存储的各种数据,存储测量数据的文件称为测量文件。

坐标数据:手动键盘输入或电脑上传存储的坐标数据,存储坐标数据的文件称为坐标文件。

编码库：点编码库中的 0 ~ 49 登记号数据。

（一）查阅测量数据

（1）确认仪器处于存储管理界面，按［F2］键选取“查找”进入，如图 3-32 所示。

存储管理 1/3	查找	选择测量文件	测量数据查找
F1：文件状态	F1：测量数据	FN：	F1：第一
F2：查找	F2：坐标数据		F2：最后
F3：文件维护 P↓	F3：编码库	输入 列表 —— 确认	F3：点号

图 3-32　查阅测量数据（一）

（2）按［F1］键选择查找测量数据。

（3）输入或列表调取要查找测量文件的文件名，按［F4］（确认）键确认。

（4）按［F3］（点号）键，进入按点号查找界面。

☞按［F1］（第一）键，显示第一点的数据，按［F2］（最后）键，显示最后一点的数据。

（5）输入要查找点号，按［F4］（确认）键确认。仪器显示该点号第一页的测量数据，如图 3-33 所示。

点号]1 1/4	点号]1 2/4	点号]1 3/4	点号]1 4/4
V] 76°14′04″	VD] 19.906m	信号]＊＊	标识符]
HR] 156°11′26″	补偿] 开	PPM] 4.0	镜高] 1.410m
HD] 81.252m ↓	↓	PSM] 0.0 ↓	编辑 ↓

图 3-33　查阅测量数据（二）

（6）按［F4］键翻页，显示当前点第二页的测量数据。

（7）按［F4］键翻页，显示当前点第三页的测量数据。

（8）按［F4］键翻页，显示当前点第四页的测量数据。按方向键［▲］或［▼］，可以显示上一点或下一点的数据。

（二）查阅坐标数据

（1）确认仪器处于存储管理界面，按［F2］键选取“查找”进入，如图 3-34 所示。

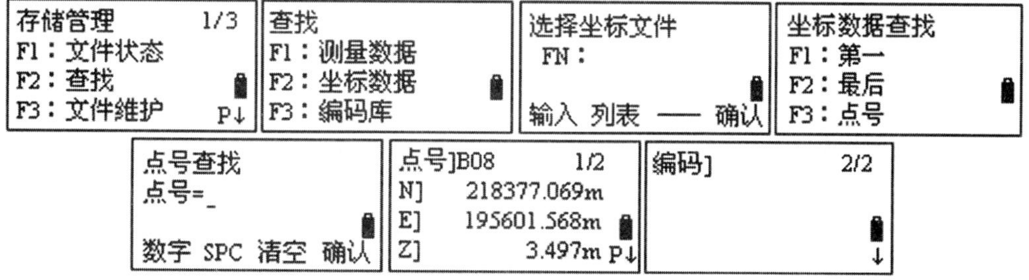

图 3-34　查阅坐标数据

（2）按［F2］键选择查找坐标数据。

（3）输入或列表调取要查找坐标文件的文件名，按［F4］（确认）键确认。

（4）按［F3］（点号）键，进入点号查找界面。

☞按［F1］（第一）键，显示第一点的数据，按［F2］（最后）键，显示最后一点的数据。

（5）输入要查找点号，按［F4］（确认）键确认。

（6）仪器显示该点号第一页的坐标数据。

(7)按[F4]键翻页,显示当前点第二页的数据。

(三)查阅编码库

(1)确认仪器处于存储管理界面,按[F2]键选取“查找”进入,如图3-35所示。

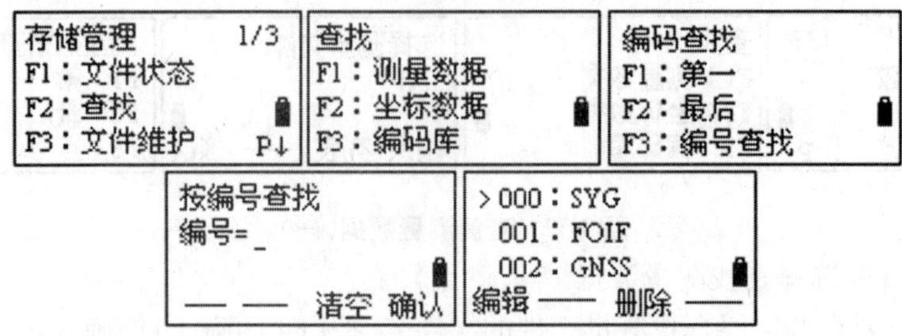

图3-35 查阅编码库

(2)按[F3]键选择编码库。

(3)按[F3](编号查找)键,进入编码查找界面。

☞按[F1](第一)键,显示第一编码点的数据,按[F2](最后)键,显示最后编码点的数据。

(4)输入编号,按[F4](确认)键确认。

(5)仪器显示该编码点的数据。

四、文件维护

该模式用于更改文件名、删除文件、查看文件中的数据个数等操作。

位于文件之前的文件识别符(*和@)表明该文件的使用状态。

对于测量数据文件:“*”:数据采集模式下被选定的文件。

对于坐标数据文件:“*”:放样模式下被选定的文件。

“@”:数据采集模式下被选定的坐标文件。

数据类型识别符号,位于四位数之前的数据类型识别符号表明该数据的类型。“M”:测量数据;“C”:坐标数据。四位数字表示文件中的数据的总数。

内存中最多可以创建8个文件夹和1个编码库,其中编码库最大可以存入50种编码,其编号可以是0~49任一数值。

(1)确认仪器处于存储管理界面第一页,按[F3](文件维护)键进入,如图3-36所示。

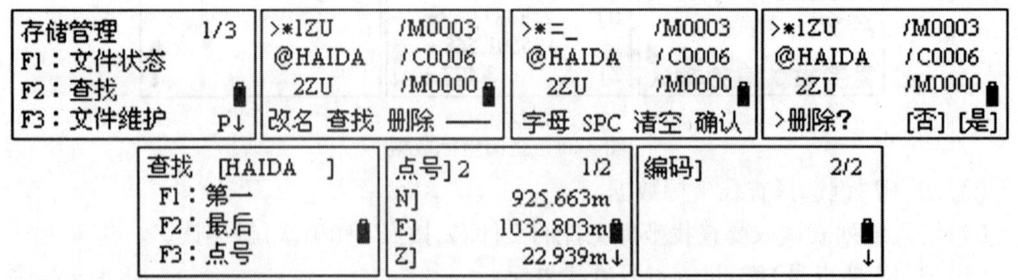

图3-36 文件维护

(2)仪器列表显示存储在仪器内的文件。

(3)按方向键[▲]或[▼]上下移动光标,指向一个文件后,按[F1](改名)键可以更改该文件的文件名。

(4)按方向键上下移动光标指向一个文件后,按[F3](删除)键可以从仪器中删除该文件,删除文件后,该文件下保存的数据也被全部删除。

(5)按方向键[▲]或[▼]上下移动光标,指向一个文件后,按[F2](查找)键可以查找该文件名下的数据。

(6)按[F3](点号)键,输入点号,则该点号下的测量数据或坐标数据将显示出来。

☞按[F1](第一)键,显示第一点的数据,按[F2](最后)键,显示最后点的数据。

(7)按[F4]键翻页,显示当前点第二页的数据。

五、输入坐标

控制点和放样点的坐标数据可以直接由键盘输入,并存入内存中的一个坐标文件中。

(1)确认仪器处于存储管理第二页,如图3-37所示。

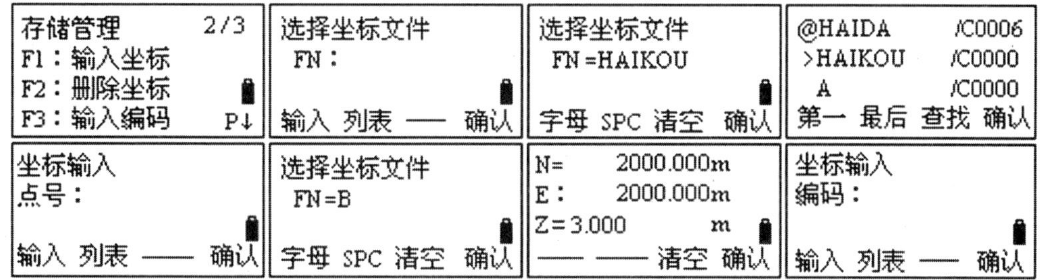

图3-37 输入坐标

(2)按[F1](输入坐标)键,进入选择坐标文件界面。

(3)按[F1](输入)键,输入坐标文件名HAIKOU,按[F4](确认)键确认。

(4)按[F2](列表)键,仪器中的坐标文件将列表显示出来,按方向键[▲]或[▼]上下移动光标,指向一个文件后,按[F4](确认)键确认。

(5)进入点号输入界面。

(6)按[F1](输入)键,输入点号B,按[F4](确认)键确认。

(7)进入坐标输入界面,通过键盘输入N坐标按[F4](确认)键,输入E坐标按[F4](确认)键,输入Z坐标按[F4](确认)键。

(8)进入编码输入界面,输入该点编码后,按[F4](确认)键,坐标存入选择的坐标文件内,进入下一点的点号输入界面,点号自动加1。所有点输入完成后,按[ESC]键返回存储管理菜单。

六、删除文件中的坐标

(1)确认仪器处于存储管理界面第二页,如图3-38所示。

(2)按[F2](删除坐标)键进入选择坐标文件界面。

(3)按[F2](列表)键,仪器里的坐标文件将列表显示出来,按方向键[▲]或[▼]上下移动光标,指向选定的文件后,按[F4](确认)键确认。

☞按[F1](输入)键,可以直接输入坐标文件名,按[F4](确认)键确认。

(4)进入删除坐标点号输入界面。

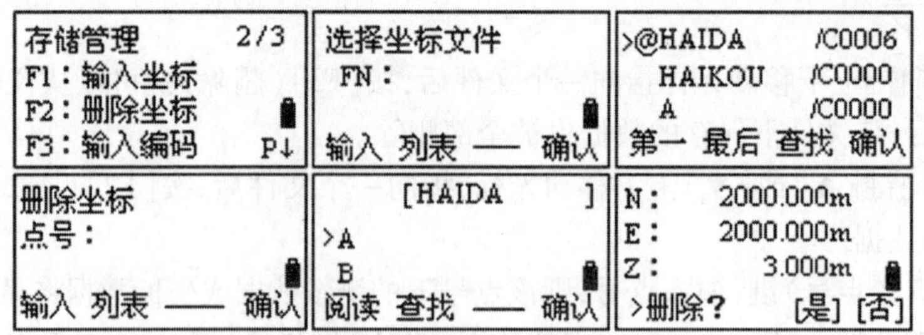

图 3-38 删除文件中的坐标

(5)按[F2](列表)键,文件名下的所有点将列表显示出来,按方向键[▲]或[▼]上下移动光标,指向选定的点名后,按[F4](确认)键确认。

(6)仪器显示该点的坐标,按[F3](是)键确认删除,按[F4](否)键取消删除。仪器自动返回点号选择界面,按[ESC]键返回存储管理菜单。

七、输入编码

在此模式下可将编码数据输入编码库中,一个编码号通常赋予 0～49 之间的数值,编码也可在存储管理菜单下按同样的方法进行编辑。

(1)确认仪器处于存储管理界面第二页,如图 3-39 所示。

存储管理 2/3
F1：输入坐标
F2：删除坐标
F3：输入编码 P↓

>001：SYG
002：FOIF
003：GNSS
编辑 —— 删除 ——

010：KILL
011：UP
012：NET
编辑 —— 删除 ——

010：KILL
>011：ROOM
012：NET
字母 SPC 清空 确认

图 3-39 输入编码

(2)按[F3](输入编码)键,仪器列表显示编码。

(3)按方向键[▲]或[▼]上下移动光标,找到需要编辑的登记号。

(4)按[F1](编辑)键,输入新的编码,按[F4](确认)键确认。输入完成后,按[ESC]键退出。

☞按[F3](删除)键,可以删除不要的编码登记号。

八、数据通信与 U 盘

有关 RTS110 系列全站仪数据通信与 U 盘的内容参见本章第六节。

九、初始化

下列类型数据可以进行初始化:

测量文件区:全部测量数据文件。

坐标文件区:全部坐标数据文件。

编码区:编码数据库。

格式化:删除所有文件。

(1)确认仪器处于存储管理第三页,如图 3-40 所示。

(2)按[F2](初始化)键进入初始化菜单第一页。

存储管理　3/3	初始化	初始化	初始化
F1：数据通讯	F1：测量文件区	确认删除	
F2：初始化	F2：坐标文件区	测量文件？	<初始化中>
F3：U盘　P↓	F3：编码区　P↓	——　——　[是]　[否]	

图 3-40　初始化

☞按[F4]键翻页,可以进入初始化菜单第二页。

(3)在初始化菜单第一页,按[F1]键,选择初始化测量文件区,进入初始化确认菜单,确认初始化则按[是]键。

(4)仪器进入初始化进程,完成后返回到上一级菜单。

第六节　苏州一光 RTS110 系列全站仪的数据通信

RTS110 系列全站仪的数据通信主要包括以下内容:

(1)安装苏州一光数据传输软件“FOIF 后处理软件合集 V1.4”。

(2)使用 USB 口数据线数据下载。

(3)使用 USB 口数据线数据上传。

一、使用 USB 口数据线数据下载

(1)全站仪开机,在常规测量模式下,按[MENU]键进入主菜单,按[F3](存储管理)键进入存储管理菜单,翻到第三页,按[F3](U 盘)键,进入 U 盘模式,全站仪上显示“请连接 USB 通信线　退出请按[ESC]键”,然后将 USB 口数据线与电脑连接,如图 3-41 所示。

菜单　1/3	存储管理　1/3	存储管理　3/3	U盘模式
F1:数据采集	F1：文件状态	F1：数据通讯	请连接USB通讯线
F2:放样	F2：查找	F2：初始化	退出请按[ESC]键
F3:存储管理　P↓	F3：文件维护　P↓	F3：U盘　P↓	

图 3-41　U 盘模式

(2)在电脑上打开 U 盘盘符,显示 U 盘中的文件夹,如图 3-42 所示。

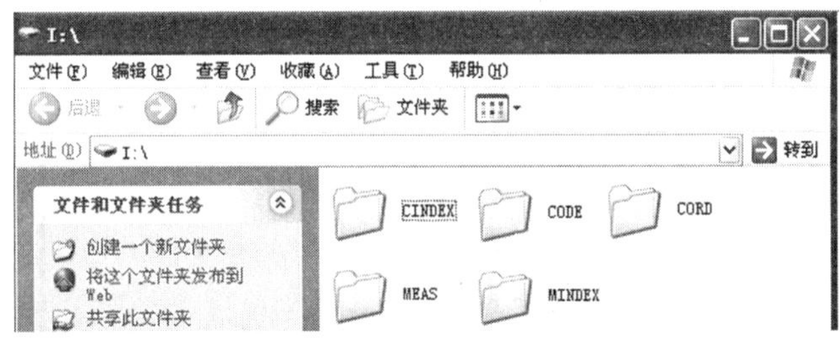

图 3-42　U 盘文件

CODE:属性文件夹;CORD:坐标数据文件夹;MEAS:测量数据文件夹;MINDEX:测量点号列表文件夹;CINDEX:坐标点号列表文件夹。

(3)在电脑上打开软件“FOIF 后处理软件合集 V1.4”,选择仪器型号 110,按[确定]键。

(4)单击“打开”按钮,在“查找范围”复选框点击 U 盘盘符,显示 U 盘中的文件夹。

(5)双击要下载的文件图标,如双击 CORD 文件夹,CORD 文件夹中的文件将显示出

来，如图3-43所示。

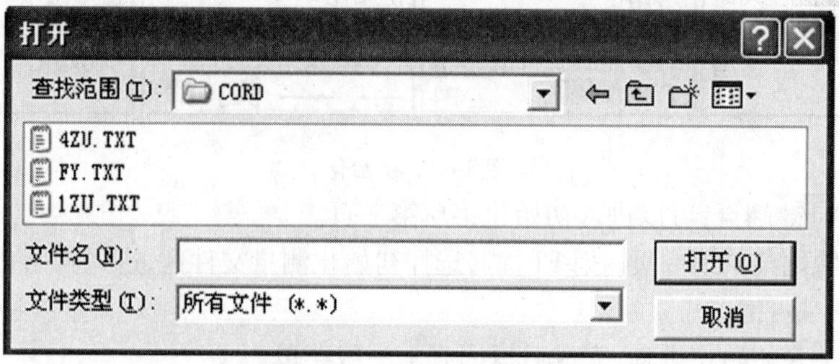

图3-43　打开要下载的文件

（6）点击1ZU文件名，再点击“打开”按钮，1ZU文件中的数据将显示在软件的数据区中，如图3-44所示。

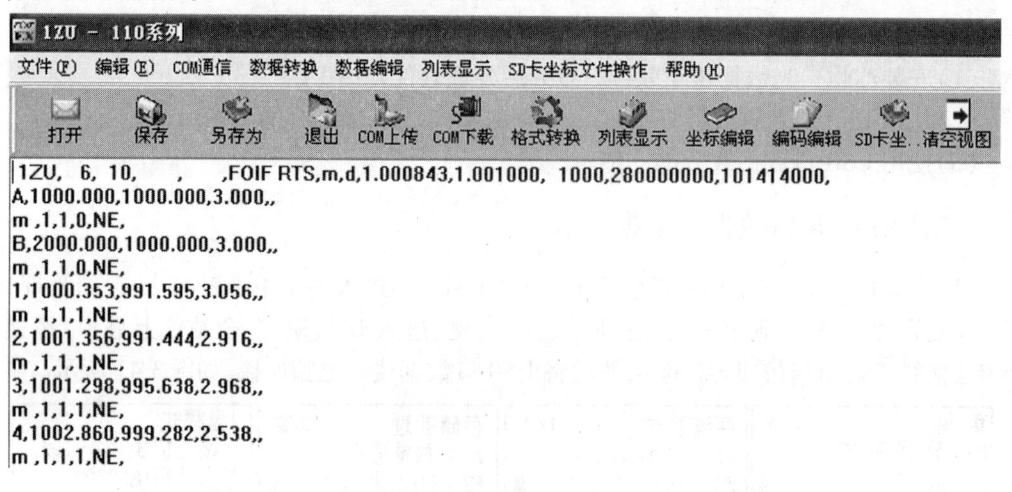

图3-44　1ZU文件数据

（7）点击软件上方的“列表显示”按钮，如图3-45所示。

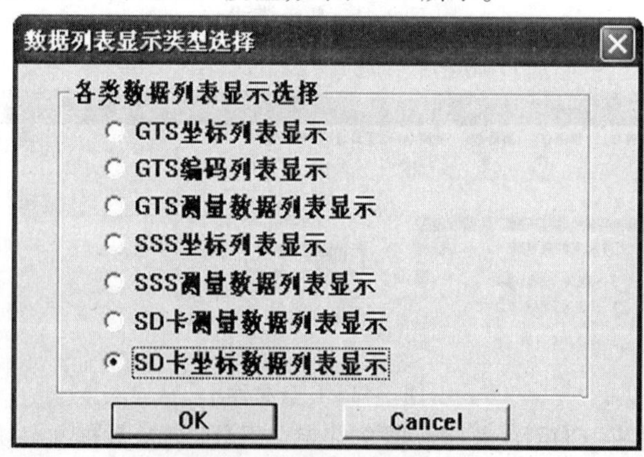

图3-45　数据类型选择对话框

（8）弹出各类数据列表显示选择提示框，点击选择“SD卡坐标数据列表显示”，并按[OK]键，将列表显示坐标数据，如图3-46所示。

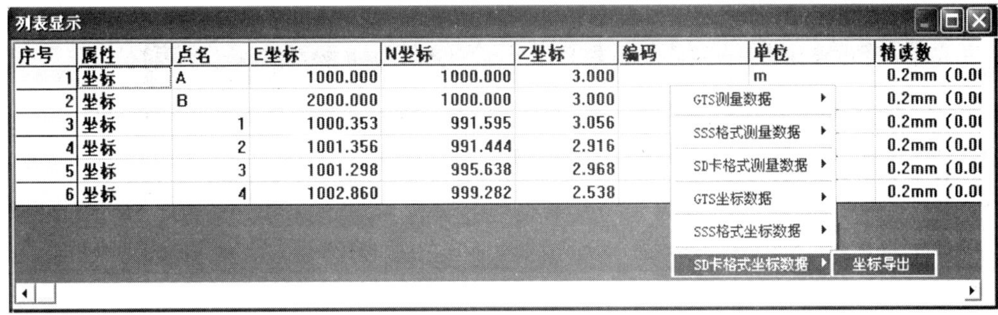

序号	属性	点名	E坐标	N坐标	Z坐标	编码	单位	精读数
1	坐标	A	1000.000	1000.000	3.000		m	0.2mm (0.0(
2	坐标	B	2000.000	1000.000	3.000			0.2mm (0.0(
3	坐标	1	1000.353	991.595	3.056			0.2mm (0.0(
4	坐标	2	1001.356	991.444	2.916			0.2mm (0.0(
5	坐标	3	1001.298	995.638	2.968			0.2mm (0.0(
6	坐标	4	1002.860	999.282	2.538			0.2mm (0.0(

图 3-46　SD 卡格式坐标数据列表显示

(9)在列表框内单击右键并选择"SD 卡格式坐标数据▶坐标导出",弹出"坐标导出格式选择"框,如图 3-47 所示。

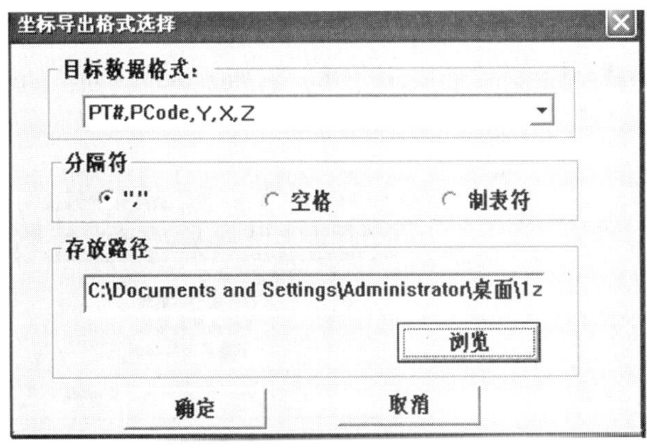

图 3-47　坐标导出格式选择

(10)选择目标数据的格式和分隔符,如果使用南方 CASS 软件成图,目标数据格式应选择"点号,编码,Y,X,Z"格式,分隔符选择","即可。

(11)点击"浏览"按钮选择文件存储路径,如图 3-48 所示,选择存储的文件的路径、文件名和文件类型后,点击"保存"按钮,回到坐标导出格式选择框(见图 3-47),点击[确定]按钮,坐标数据导出并存储到电脑内。注意使用南方 CASS 软件成图时,保存类型选择 *.dat即可。

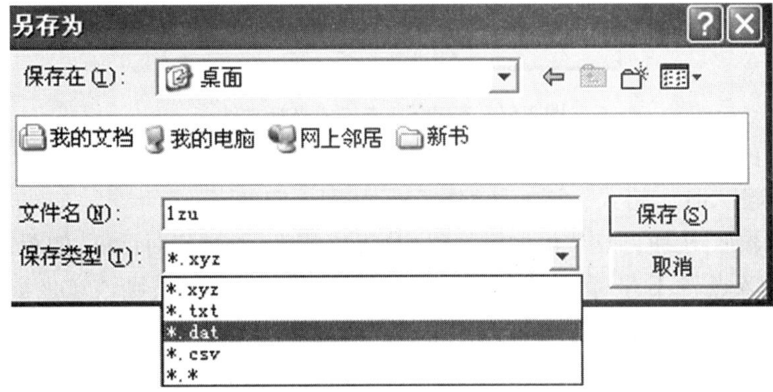

图 3-48　数据保存

(12)数据下载成功,在电脑桌面上有一个"1ZU"文件夹,可以用记事本打开该文件夹,查看文件内容，如图3-49所示。

图3-49 查看文件内容

二、使用USB口数据线数据上传

(1)仪器进入U盘模式后，将仪器通过USB数据线与电脑连接。

(2)在电脑上打开110系列全站仪后处理软件，点击“坐标编辑”按钮，弹出坐标编辑格式选择框，选择“SD卡格式坐标编辑”选项，按[OK]键，如图3-50所示。

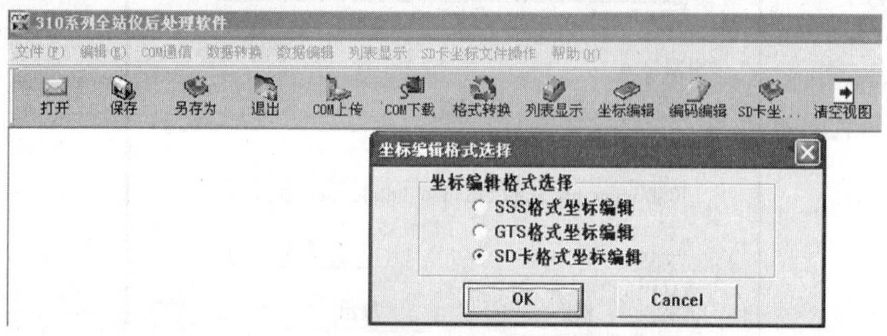

图3-50 坐标编辑格式选择

(3)弹出“新建SD卡格式坐标文件”对话框，输入文件名和存放文件路径，点击[确定]键，如图3-51所示。

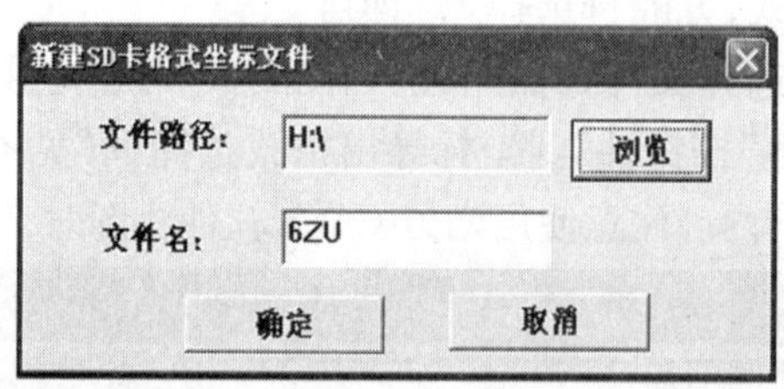

图3-51 新建SD卡格式坐标文件

注意，此处的文件名即坐标数据文件名存放路径应当是仪器U盘的位置。

(4)软件弹出“SD卡格式坐标文件编辑”框，如图3-52所示。

(5)点击[添加]按钮，弹出“添加或编辑SD卡格式坐标数据”对话框，如图3-53所示。

(6)依次输入点名、E坐标、N坐标、Z坐标、编码，按[确定]键，则该点坐标将加入到“SD卡格式坐标文件编辑”列表中，同理输入其他各点的坐标。编码在此可以不输，输入完成后，需要上传的坐标数据将显示在“SD卡格式坐标文件编辑”对话框中，如图3-54所示。

(7)点击[确定]按键，软件弹出一提示信息，完成坐标数据的上传，如图3-55所示。

(8)退出后处理软件，在全站仪上按[ESC](退出)键。此时全站仪上可以查看上传的数据。

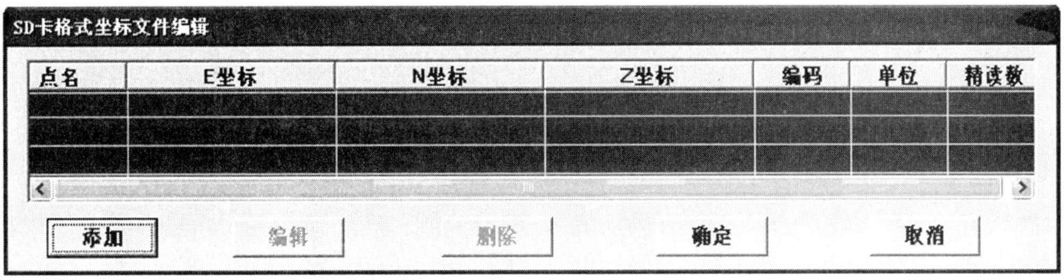

SD卡格式坐标文件编辑
点名
E坐标
N坐标
Z坐标
编码
单位
精读数
添加
编辑
删除
确定
取消

图 3-52　SD 卡格式坐标文件编辑对话框

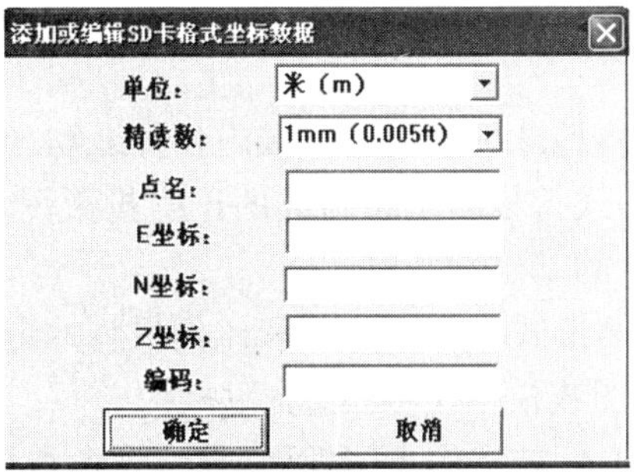

添加或编辑SD卡格式坐标数据
单位：
米（m）
精读数：
1mm（0.005ft）
点名：
E坐标：
N坐标：
Z坐标：
编码：
确定
取消

图 3-53　添加或编辑 SD 卡格式坐标数据

SD卡格式坐标文件编辑
点名
E坐标
N坐标
Z坐标
编码
单位
精读数
A
10000.0000
10000.0000
3.0000
m
1
B
10000.0000
20000.0000
3.0000
m
1
添加
编辑
删除
确定
取消

图 3-54　SD 卡格式坐标文件编辑框中的坐标数据

SD卡格式坐标文件编辑
点名
E坐标
N坐标
Z坐标
编码
单位
精读数
A
10000.0000
10000.0000
3.0000
m
1
B
m
1
苏州一光通讯软件
点击确定后将同时更新SD卡坐标文件和索引文件，在所选路径下的COORD文件夹中
确定
添加
编辑
删除
确定
取消

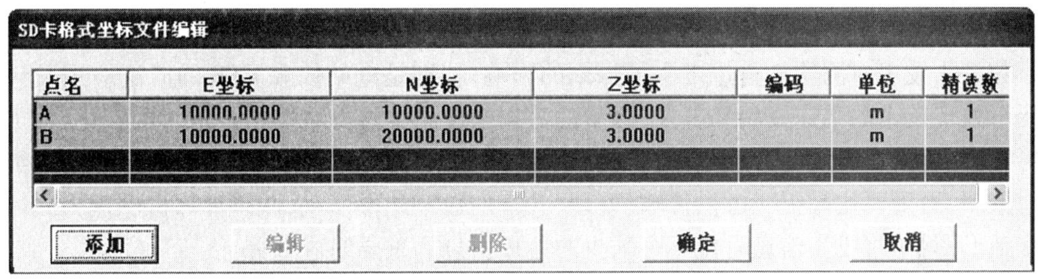

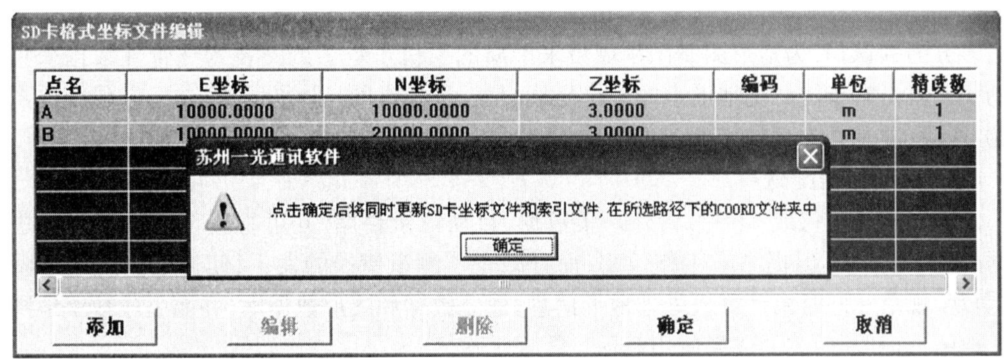

图 3-55　完成上传

第四章 数字化测图技术

第一节 数字化测图概述

一、地形图与数字化测图

地形图是利用测量仪器将地球表面局部区域内各种地物、地貌的空间位置和几何形状，按一定的比例尺，用规定的图式符号缩小绘制成的正射投影图。地形图是各种地形信息的载体，也是工程建设不可缺少的基础性资料。

传统的地形测量是以图解形式按图式符号和比例尺将地形测绘到白纸（绘图纸或聚酯薄膜）上，所以又称为白纸测图或模拟法测图。

电子技术、计算机技术、通信技术的飞速发展，导致了人类生存与生活方式的改变，而且越来越清晰地向人类预示着一个新时代——信息时代的到来。信息时代的特征就是数字化；反言之，数字化技术是信息时代的基础平台。数字化是实现信息采集、存储、处理、传输和再现的关键。

数字化技术对测绘学科也产生了深刻的影响，特别是全站仪和 GPS 的广泛应用及计算机图形处理技术的飞速发展和普及，测量的数据采集和绘图方法发生了重大的变化，促进了地形图测绘的自动化，地形测量从白纸测图变革为数字测图，测量的成果不仅是绘制在纸上的地形图，更重要的是提交可供传输、处理、共享的数字地形信息，即以计算机磁盘为载体的数字地形图，这将成为信息时代不可缺少的地理信息的重要组成部分。

二、数字化测图技术的特点

数字化测图技术的发展改变了人们对地形图本质、地形图功能、成图方法以及成图工艺等诸多方面的认识，为地形图制图领域带来了新的生机。数字测图技术在野外数据采集工作的实质就是解析法测定地形点的三维坐标，是一种先进的地形图测绘方法，与传统的图解法相比具有以下几方面的特点。

（一）自动化程度高

由于采用全站仪或 GPS 在野外采集数据，自动记录存储，并可直接传输给计算机进行数据处理、绘图，不但提高了工作效率，而且减少了测量错误的发生，使得绘制的地形图精确、美观、规范。同时由计算机处理地形信息，建立数据和图形数据库，并能生成数字地图和电子地图，有利于后续的成果应用和信息管理工作。

（二）精度高

传统的测图技术以光学仪器和视距测量方法为基础，且控制测量采用从整体到局部、逐级布设的原则，等级过多造成精度损失。传统的图解地形图的精度，根据城市测量规范规定，图上地物点相对于邻近图根控制点的点位中误差为 0.5 mm，在 1∶500 比例尺地形图上相当于地面距离 25 cm,即使是提高碎部测量的精度,但手工绘图的精度很难高于图上 0.2 mm,在 1∶500 比例尺地形图上则相当于实地距离 10 cm,这些都在不同程度上限制了地形图的精度。

数字测图的精度主要取决于对地形点的野外数据采集的精度,其他因素影响很小,测点的精度与绘图比例尺大小无关。使用全站仪或 RTK 野外数据采集,地物点相对于邻近控制点的位置,精度达到 5 cm 是不困难的,因而全站仪或 RTK 解析法数据采集精度要远高于图解法平板测图的精度。另外,由于数字地形图产品不存在图纸伸缩变形,用绘图仪输出的纸质地形图图面精度也高于传统成图方法得到的地形图产品。

(三)更新方便、快捷

数字地形图是以某种格式存放的地形图数据文件,其调用、显示都十分方便。一般数字化成图软件都具有"图形编辑"功能,例如"增加""删除""修改"等,这些功能都能充分满足地形图修测和补测的要求。利用这些功能进行原有数字化地形图的修测、补测是十分方便的。

(四)便于保存与管理

数字地形图产品以数字形式存储于计算机的存储介质上,仅占用很少的磁盘存储空间。这与传统成图技术得到的纸质地形图相比是极其优越的。另外,数字地形产品也没有纸质地形图产品保存过程中的霉烂、变形等问题。

(五)便于应用

地形图测绘是测绘工作的一项基础性工作,它的主要目的是为工程设计、规划或各级国土信息管理部门提供基础信息。目前,工程设计与规划部门都采用了计算机辅助设计系统,这些系统都要求采用数字化地形图作为规划设计的工作底图。

数字地形图产品还是 GIS 的一种理想的数据源,即数字地形图是 GIS 的基础。

利用分层管理的野外实测数据,可以方便地绘制不同比例尺的地形图或不同用途的专题地图,实现了一测多用。

(六)易于发布和实现远程传输

对于传统地形图来说,实时发布和远程传输是难以实现的。然而,对于数字地形图产品,随着网络技术和通信技术的不断发展以及网上地形图发布系统的逐步完善,通过计算机网络实现地形图产品的实时发布和传输已经成为可能。

三、数字测图系统的构成

(一)数字测图系统的硬件

数字测图系统的硬件包括计算机、全站仪、数字化仪、绘图仪、GPS 接收机、电子手簿等。

(二)数字测图系统的软件

数字测图系统的软件包括为完成数字化成图工作用到的所有软件,即各种系统软件(如操作系统 Windows)、支撑软件(如计算机辅助设计软件 AutoCAD)和实现数字化成图功能的应用软件(如南方测绘仪器有限公司的 CASS 成图软件)。

目前,市场上比较成熟的数字化成图软件主要有以下几种:

(1)南方测绘仪器有限公司的"数字化地形地籍成图系统 CASS"。

(2)苏州一光仪器有限公司的"CT3000 数字成图软件"。

(3)清华山维新技术开发公司的“GIS 数据采集处理与管理系列软件”。

(4)北京威远图公司的“CitoMap 地理信息数据采集”。

(5)广州开思测绘软件公司的“SCS GIS2000”。

(三)数字测图系统的人员与数据

数字测图系统的人员是指参与完成数字化成图任务的所有工作与管理人员。数字化测图对人员提出了较高的要求,他们应该是既掌握了现代测绘技术又具有一定的计算机操作和维护经验的综合性人才。

数字测图系统中的数据主要指系统运行过程中的数据流,它包括采集(原始)数据、处理(过渡)数据和数字地形图(产品)数据。

四、数字化测图的工作过程

数字化测图的工作过程主要有数据采集、数据处理、图形编辑和图形输出。一般经过数据采集、数据编码和计算机处理、自动绘制两个阶段。数据采集和编码是计算机绘图的基础,这一工作主要在外业期间完成。内业进行数据的图形处理,在人机交互方式下进行图形编辑,生成绘图文件,由绘图仪绘制地形图。图 4-1 是数字化测图的工作过程框图,图 4-2 是数字测图系统的流程示意图。

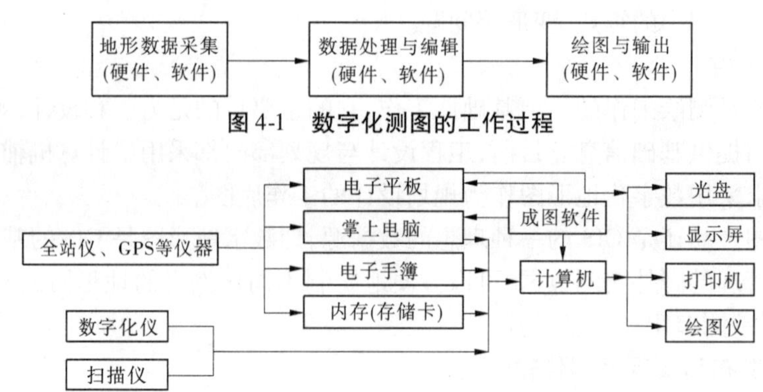

图 4-1　数字化测图的工作过程

图 4-2　数字测图系统的流程示意图

(一)数据采集

数据采集的目的是获取数字化成图所必需的数据信息,包括描述地形图实体的空间位置和形状所必需的点的坐标和连接方式,以及地形图实体的地理属性。数据采集主要有两类方法:外业采集和内业采集。

外业采集就是在野外完成地形图的数据采集工作。外业采集主要用测量仪器进行(全站仪、GPS 等),借助于电子手簿、全站仪内存或掌上电脑的帮助,将测量数据(一般为测点坐标)传入计算机供进一步处理。当采用外业采集方式时,测点的连接关系及地形实体属性一般也在工作现场采集和记录,目前有三种不同的采集和记录方法。

内业采集主要是指对已有地形图的数字化。内业采集主要用数字化仪或扫描仪完成。

(二)数据处理

数据处理是指将采集数据处理成成图所需数据的过程,包括数据格式或结构的转换、投影变换、图幅处理、误差检验等内容。

数据处理是数字化成图的一个重要环节,它直接影响最后输出的图解图的图面质量和数字地形图在数据库中的管理。外业记录的原始数据经计算机处理，生成图块文件，在计算机屏幕上显示图形。

（三）图形编辑

图块文件生成后可进行人机交互方式下的地形图编辑。将图块文件以图形方式显示到计算机屏幕上，这就需要将地物点的测量坐标转换为屏幕坐标。

计算机屏幕上显示一幅完整的地形图图形受到屏幕幅面大小的限制而只能缩小表示。因此需要进行局部图形放大，将编辑的某一部分图形放大显示在屏幕上，分块进行编辑。

在人机交互方式下的地形图编辑，主要包括删除错误的图形和不需要表示的图形，修正不合理的符号表示，增添植被、土壤等配置符号以及进行地形图注记。

（四）图形输出

图块文件经过人机交互编辑生成数字地形图的图形文件。图形文件根据数字地形图的用途不同有不同的要求。这种图形文件按一幅图为单元存储，用于绘制某一规定比例尺的地形图。

五、数字化测图技术的发展历史与展望

（一）数字化测图技术的发展历史

我国对数字化测图技术的研究始于 20 世纪 80 年代初期，经历了引进—消化吸收—自主开发的过程，但由于客观条件的限制，开发的测图系统还不是很成熟，使用不方便，商品化程度不高，这些系统都没有得到广泛的应用。

20 世纪 90 年代，我国数字化测图技术无论在理论上还是在实用系统的开发上都得到了迅速发展，取得了丰硕的成果。这 时期正好也是我国经济建设高速发展的时期。经济建设规模的增大和人们对国土资源的日益重视刺激了数字化测图技术的发展和人们对实用数字测图系统的需求，数字测图系统的开发受到了大家的重视。目前，我国自行开发和研制的数字测图系统无论在实用性、可靠性还是商品化程度等方面都已达到了较高的水平。

（二）数字化测图技术的展望

展望未来，随着科技的进一步发展，新产品价格的不断下降，可以采取更加自动化的模式。

1. 全站仪自动跟踪测量模式

测站为自动跟踪式全站仪，可以无人操作，棱镜站有跑镜员和电子平板操作员（甚至平板操作员兼司镜员）。全站仪自动跟踪照准立在测点上的棱镜，测量的数据由测站自动传输给棱镜站的电子平板记录、成图。例如，徕卡（Leica）推出的 TCA 自动跟踪型全站仪 + RCS 控制器（遥控器）实现了遥控测量，使自动跟踪测量模式更趋于现实。该系统测站无人操作，而在镜站遥控开机测量，全站仪自动跟踪、自动照准、自动记录，及时获取观测成果，还可在镜站遥控进行检查与编码。TCA 遥控测量系统与电子平板连接，则可实现自动跟踪模式的电子平板数字测图。但该系统价格昂贵，仅适用于特定应用场合。

2. GPS 测量模式

GPS 定位方法精度高，方便灵活。GPS 定位技术在测绘中的应用和普及是测绘科技的一个重大的突破性进展。近年来推出的载波相位差分技术，又称为 RTK（Real Time Kinematic）实时动态定位技术，能够实时提供测点（用户站）在指定坐标系的三维坐标成果，在测

程 20 km 以内可达厘米级精度。

RTK 作业模式测程(基准站与流动站的距离)可以达到 10 ~ 20 km,若与电子平板测图系统连接,实现一步数字测图,这将显著地提高开阔区域野外测图的可靠性和劳动生产率。

随着 RTK 技术的不断发展和系列化产品的不断出现,待生产出更小型和价格低廉的 RTK 模式的 GPS 接收机时,GPS 数字测图系统将成为地面数字测图新的里程碑,开创地面数字测图技术的新篇章,并将会在开阔地区取代全站仪数字测图。

第二节 数字地形图的测绘

一、控制测量概述

控制测量是数字化测图中一项极为重要的基础性工作,它起着控制误差的传递与积累的作用,并为数据采集测图工作提供依据。因此。控制测量必须遵循“从整体到局部,先控制后碎部”的基本原则,首先在测区内建立满足精度要求与密度要求的控制网,再以控制网(点)为基础,分别以各控制点作为测站施测其周围的碎部点。

控制测量分平面控制测量和高程控制测量。平面控制测量是确定控制点的平面坐标(x,y),目前常用导线测量、交会测量及 GPS 定位技术等。高程控制测量是确定控制点的高程(H),目前主要采用水准测量的方法,也可用 EDM 三角高程测量。平面控制测量和高程控制测量可以分别单独布设,有时这两类控制网也可合起来布设为三维控制网。

控制测量应按由高级到低级、逐级布网的方式,一般先在测区内选择若干个具有控制意义的点,构成一定的几何图形,称为测区首级控制网。在此基础上,布设二级控制网,或直接加密控制点,或直接布设图根控制网。有时,根据测区情况及有关要求也可以全面一次性布网或越级布网。

控制测量采用的坐标系统分为大地坐标系统和高程系统两个部分。目前,我国现行的大地坐标系统有:1954 年北京坐标系、1980 年国家大地坐标系(又称西安坐标系)以及 1954 年新北京坐标系,以上为国家坐标系。在某些城市也有自己的地方坐标系,如海南省的“海南平面坐标系”。目前,全国采用统一的高程系统,即“1985 年国家高程基准”。在我国的某些地区也有地方高程系统,如海口市过去采用的“海口秀英高程基准”。

控制测量作业应遵循国家制定的测量规范,其作业内容包括技术设计、实地选点、造标埋石、外业观测、内业平差计算等。这些内容请参见《测量学》教材,在此不再重复。

二、野外数据采集模式

由于数字化测图的不同作业方法的特点主要体现在数据采集阶段,所以其作业模式主要根据数据采集的方法进行划分。数字地形图的测绘方法目前主要是使用全站仪或 GPS RTK 等测量仪器,在野外实地采集地形图全部要素信息,以电子数字形式记录测量数据,再经过计算机的进一步处理,生成数字地形图。与白纸测图不同,数字化测图在外业采集时,必须在工作现场以计算机能够识别的数字形式采集和记录测点的连接关系及地形实体的地理属性。野外数据采集的作业模式,取决于使用的仪器和数据的记录方式。目前,野外数据采集有三种模式:数字测记模式、电子平板测绘模式和 GPS RTK 测绘模式。

(一)数字测记模式

数字测记模式分为有码作业和无码作业(草图法)两种作业方法,如图4-3所示。

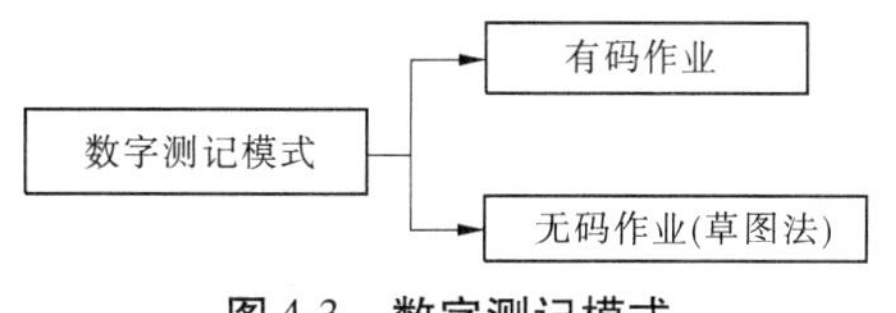

图4-3 数字测记模式

1. 无码作业(草图法数字测记模式)

草图法数字测记模式是一种野外测记、室内成图的数字成图方法。使用带内存的全站仪,将野外采集的数据记录在全站仪的内存中,同时配画标注测点点号的工作草图,到室内再通过通信电缆将数据传输到计算机,结合工作草图利用数字化测图软件对数据进行处理,再经人机交互编辑形成数字地图。这种作业模式的特点是精度高、内外业分工明确,便于人员分配,投资较少,从而具有较高的测图效率。

2. 有码作业

有码作业是用约定的编码表示地形实体的地理属性和测点的连接关系,野外测量时,在记录碎部点的坐标数据时,还需同时将碎部点对应的编码信息一并记录到全站仪内存,即全站仪测出测点的坐标数据后测量员还需输入该测点的编码信息,每个测量点都是带有编码的坐标数据。最后与测量数据一起传入计算机,其工作步骤与草图法基本一致,计算机可根据地形编码,识别后转换为地形图符号内部码,以制成地形图。但是,遇有复杂地形时,也还需绘制草图,以表示真实地形。现有的测图系统都有地形编码作业方式,但使用的地形编码方法不尽相同。

如果测量员观测经验丰富且能熟练地使用相应成图系统的编码方法,采用有码作业的方式具有作业效率高、成图方便等特点,但该方法需要记忆和输入编码,对人员素质要求较高,作业难度较大,成图过程不够直观,数据出错不易检查,因此实际作业中较少采用有码作业的模式。

(二)电子平板测绘模式

电子平板通常指安装有数字化成图软件的笔记本电脑。电子平板测绘模式就是“全站仪+便携机+相应测绘软件”实施外业测图的模式。全站仪测定的碎部点实时地展绘在计算机屏幕(模拟测板)上,用软件的绘图功能边测边绘,可以及时发现并纠正测量错误,外业工作完成了,图也就出来了,实现了内外业一体化。

电子平板测绘模式实现了数据采集、数据处理、图形编辑现场同步完成。其特点是精度高、现场成图实现了“所见即所得”,从而具有较高的可靠性。但电子平板测绘模式是一种基本上将所有工作放在外业完成的数字化测图方法,此种模式投入大,笔记本电脑的性能和过重的外业负担可能是阻碍这种作业模式普及的主要障碍。

目前,许多测绘仪器公司采用PDA(个人掌上电脑)取代便携机,开发了掌上电子平板测图系统。利用掌上电脑和测图软件中的图形符号库能够直接测绘地形图,不需要记忆和输入编码,能够完成大部分的成图工作,最后将数据文件传入计算机,经过少量编辑处理即可生成数字化地形图。掌上电脑体积小,虽然便于携带,但屏幕范围有限,在图形显示方面还不能满足用户的需求。

（三）GPS RTK 测绘模式

GPS RTK 测绘模式只适用于开阔地区的数字化地形测量。

GPS RTK 测绘模式是利用 GPS RTK 技术快速测出碎部点的位置绘制地形图。用 RTK 进行碎部测量时，在测区的一个高点（一般为已知点）上安置好 GPS 基准站并输入必要的已知数据（基准点坐标、参考点坐标等），将流动站测杆立在地形特征点上，输入特征点编码，通过数据链将基准站观测值及站坐标信息一起发给流动站的 GPS 接收机，流动站不仅有来自参考站的数据，还直接接收 GPS 卫星发射的数据，观测数据组成相位差分观测值，进行实时处理，实时给出碎部点的定位结果，测完一个区域后回到室内，由专业的软件接口就可以输出所要求的地形图。

采用 RTK 进行地形图测绘可以不进行图根控制而直接根据分布在测区的一些基准点进行碎部测量。这种测量可以全天候进行，并且可以多个流动站同时进行碎部测量，效率可以成倍提高。RTK 测量不要求点间通视，也不受基准站与流动站之间的地物影响，设一基准站后可在半径 10 km 内采集任意碎部点（在能观测到四颗以上 GPS 卫星的前提下）。

另外，RTK 作业模式与电子平板测图系统连接，可以实现一步数字测图，这将显著地提高开阔区域野外测图的可靠性和劳动生产率。

三、数据编码

数字测图是野外测量数据，由计算机软件自动处理（自动识别、检索、连接，自动调用图式符号等），并在测量者的干预下自动完成地形图的绘制工作。

地形点的点位信息用坐标、高程及点的编号表示，可输入计算机；点的属性信息需要地形编码表示，因此必须有使用方便、编码简单、容易记忆的地形编码。计算机就可根据地形信息码识别地物、地貌而成图。地形编码通常是用按一定规则构成的符号串来表示地物属性和连接关系等信息，这种有一定规则的符号串称为数据编码。数据编码的基本内容包括地物要素编码（或称地物特征码、地物属性码、地物代码）、连接关系码（或称连接点号、连接序号、连接线型）、面状地物填充码等。

（一）数据编码的原则

（1）规范性，即图示分类应符合国家标准、测图规范。

（2）简易实用性，即尊重传统方法，容易为野外作业和图形编辑人员理解、接受和记忆，并能正确、方便地使用。

（3）唯一性，便于计算机处理，且具有唯一性。

（二）数据编码方案

当前主流数据编码方案主要有全要素编码、块结构编码、简编码和二维编码等。下面分别以对比的方式做简单介绍和分析。

全要素编码要求对每个碎部点都进行详细说明，通常由若干个十进制数组成。这种编码是全野外数字测图方法刚开始出现时的一种理论数据编码方式，其优点是各点编码具有唯一性，计算机易识别与处理；缺点是外业编码记忆困难，目前实际测图中很少使用。

块结构编码是将每个地物编码分成几部分，分别为点号、地形编码、连接点和连接线型，并依次输入。

简编码就是在野外作业时仅输入简单的提示性编码,经内业识别自动转换为程序内部码。南方测绘仪器有限公司的 CASS 系统的有码作业就是一个有代表性的简编码输入方案。

简编码结构包括类别码、关系码、独立符号码。

类别码也称地物代码,见表 4-1,它是按一定的规律设计的,不需要特别记忆。有 1 ~ 3 位,第一位是英文字母,大小写等价,后面是范围为 0 ~ 99 的数字,如代码 F0,F1,…,F6 分别表示坚固房、普通房……简易房。F 取“房”字的汉语拼音首字母,0 ~ 6 表示房屋类型由“主”到“次”。

表 4-1　类别码符号及含义

类型	符号及含义
坎类(曲)	K(U) + 数(0—陡坎,1—加固陡坎,2—斜坡,3—加固斜坡,4—垄,5—陡崖,6—干沟)
线类(曲)	X(Q) + 数(0—实线,1—内部道路,2—小路,3—大车路,4—建筑公路,5—地类界,6—乡、镇界,7—县、县级市界,8—地区、地级市界,9—省界线)
垣栅类	W + 数(0,1—宽为 0.5 m 的围墙,2—栅栏,3—铁丝网,4—篱笆,5—活树篱笆,6—不依比例围墙(不拟合),7—不依比例围墙(拟合))
铁路类	T + 数(0—标准铁路(大比例尺),1—标(小),2—窄轨铁路(大),3—窄(小),4—轻轨铁路(大),5—轻(小),6—缆车道(大),7—缆车道(小),8—架空索道,9—过河电缆)
电力线类	D + 数(0—电线塔,1—高压线,2—低压线,3—通信线)
房屋类	F + 数(0—坚固房,1—普通房,2—一般房屋,3—建筑中房,4—破坏房,5—棚房,6—简易房)
管线类	G + 数(0—架空(大),1—架空(小),2—地面上的,3—地下的,4—有管堤的)
植被土质	拟合边界,B + 数(0—旱地,1—水稻,2—菜地,3—天然草地,4—有林地,5—行树,6—狭长灌木林,7—盐碱地,8—沙地,9—花圃)
	不拟合边界,H + 数(同上)
圆形物	Y + 数(0—半径,1—直径两端点,2—圆周三点)
平行体	P + (X(0 ~ 9),Q(0 ~ 9),K(0 ~ 6),U(0 ~ 6), …)
控制点	C + 数(0—图根点,1—埋石图根点,2—导线点,3—小三角点,4—三角点,5—土堆上的三角点,6—土堆上的小三角点,7—天文点,8—水准点,9—界址点)

关系码也称连接关系码,见表 4-2。共有 4 种符号:“ + ”“ – ”“A $”和“P”配合来描述测点间的连接关系。其中:“ + ”表示连接线依测点顺序进行;“ – ”表示连接线依测点相反顺序进行连接,“A $”表示断点标识符;“P”表示绘平行体。

表 4-2　关系码符号及含义

<table>
<tr><th>符号</th><th>含义</th><th>示例</th></tr>
<tr><td>+</td><td>本点与上一点相连,连线依测点顺序进行</td><td rowspan="8">“+”　“-”表示连线方向
1　　2
1(F1)　　2(+)
1　　2
1(F1)　　2(-)</td></tr>
<tr><td>-</td><td>本点与下一点相连,连线依测点顺序相反方向进行</td></tr>
<tr><td>N +</td><td>本点与上 n 点相连,连线依测点顺序进行</td></tr>
<tr><td>n -</td><td>本点与下 n 点相连,连线依测点顺序相反方向进行</td></tr>
<tr><td>P</td><td>本点与上一点所在地物平行</td></tr>
<tr><td>np</td><td>本点与上 n 点所在地物平行</td></tr>
<tr><td>+ A $</td><td>断点标识符,本点与上点连</td></tr>
<tr><td>- A $</td><td>断点标识符,本点与下点连</td></tr>
</table>

对于只有一个定位点的独立地物,用独立符号码表示,见表 4-3。如 A14 表示水井、A70 表示路灯等。

表 4-3　独立地物编码及符号含义(部分)

类别	编码及符号含义				
居民地	A16 学校	A17 沼气	A18 卫生所	A19 地上窑洞	A20 电视发射塔
	A21 地下窑洞	A22 窑	A23 蒙古包		
电力设施	A40 变电室	A41 无线电杆、塔	A42 电杆		
军事设施	A43 旧碉堡	A44 雷达站			
道路设施	A45 里程碑	A46 坡度表	A47 路标	A48 汽车站	A49 臂板信号机
独立树	A50 阔叶独立树	A51 针叶独立树	A52 果树独立树	A53 椰子独立树	
公共设施	A68 加油站	A69 气象站	A70 路灯	A71 照射灯	A72 喷水池
	A73 垃圾台	A74 旗杆	A75 亭	A76 岗亭、岗楼	A77 钟楼、鼓楼、城楼

数据采集时现场对照实地输入野外操作码,图 4-4 中点号旁括号内容为输入结果。

四、全站仪采集碎部点的测量方法

全站仪是目前生产单位测绘数字地形图最常用的测量仪器。外业测绘时,将全站仪安置在测站上(控制点或加密的图根点),输入测站的三维坐标和仪器高,输入定向点的三维

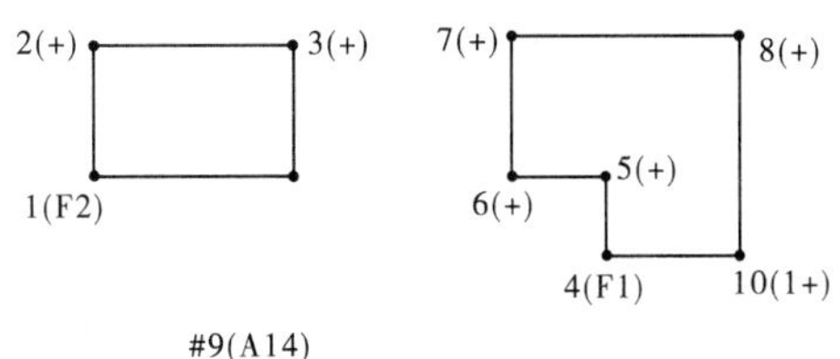

图 4-4　野外实地对照操作码

坐标,照准定向点完成定向工作,输入碎部点的点号、棱镜高、编码信息,照准碎部点即可测量出碎部点的角度和距离,仪器按极坐标原理计算出碎部点的平面坐标(x、y),按三角高程原理计算出碎部点的高程,并可将观测数据记录到全站仪的内存或通过数据线将数据实时传输到电子平板、电子手簿、PDA 中。由于全站仪具有很高的测距精度,因此在通视良好、定向边较长的情况下可以放宽测站点至碎部点的距离,扩大测站点的覆盖范围。

(一)测区的划分

传统的平板测图是把测区按标准图幅划分成若干图幅,以作业组为单位按图幅分片一幅一幅进行测绘。数字化测图时不再受图幅的限制,计算机可以同时处理整个测区的全部数据,因此数字化测图是以路、河、山脊等为界线,以自然地块进行分区测绘。

(二)人员安排

根据数字化测图的特点,一个作业组可配备测站 1 人、镜站 1 ~ 3 人、绘图员 1 ~ 2 人。根据地形情况,镜站可以用单人或多人。绘图员负责画工作草图和室内成图,是核心成员,有条件的作业组可以安排 2 人轮换,一般外业一天,内业一天,也可以根据实际情况自由安排。在任务紧时,白天进行外业工作,晚上进行内业工作。

在测绘地形图时,绘图员应跟在跑镜员后,边测边绘,绘图员必须与测站保持良好的通信联系,使草图上的点号与全站仪内存上的点号一致。

(三)碎部点的确定

数字测图碎部点的确定,除基本要求和平板测图碎部点的确定一致外,还需考虑数字测图、计算机制图和测图系统的特点,即所有的碎部点必须测定三维坐标,因此碎部点的确定应注意以下几点:

(1)对于有方位的独立地物,应测定两个点的坐标,取两点的中点为独立地物的中心位置,并以两点的连线确定符号的方位。

(2)任何依比例的矩形地物,只要测出三个角点的坐标,第四个点的坐标可由程序计算。

(3)房屋的附属建筑(如台阶、门廊、凉台等)和房屋轮廓线的交点不实际测量,而是按垂线法计算出交点的坐标。

(4)依比例的双线地物,如道路、沟渠和河流等,测定两侧边线特征点的坐标,铁路测定中心线上点的坐标。

(5)圆形地物应在圆周上测定均匀分布的三点坐标。较小的也可测定对径方向的两个点的坐标。

(6)圆弧线一般应测定起点、终点和大致中间的一点。

(7)在绘制等高线范围的坎和坡,应量出比高和测定坡脚线的高程。

(8)如测图系统给出标准图块,则必须按标准图块标注的点测定其坐标。

(四)全站仪在一个测站采集碎部点的操作过程

首先,将全站仪安置在测站上,对中、整平。全站仪在一个测站采集碎部点的操作步骤如下:

(1)选择数据采集文件。仪器所采集的测量数据存储在该文件中。

(2)进入数据采集设置菜单,做好跟数据采集有关的设置。

(3)选择坐标数据文件。可进行测站坐标数据及后视坐标数据的调用(当无须调用已知点坐标数据时,可省略此步骤),当在数据采集的设置菜单里设置坐标自动计算时,仪器计算的测点坐标亦存储在该坐标文件里。

(4)设置测站点。包括仪器高和测站点号及坐标。

(5)设置后视点。通过测量后视点进行定向,确定方位角。

(6)设置待测点的点号、棱镜高、编码,开始采集数据,存储数据。

(7)绘制工作草图。在进行数字测图时,如果测区有相近比例尺的地形图,可利用旧图或影像图并适当放大复制,裁成合适的大小作为工作草图,在没有合适的地形图作为工作草图时,应在数据采集时现场绘制工作草图。草图上应绘制碎部点的点号、地物的相关位置、地貌的地性线、地理名称和说明注记等。草图上标注的测点编号应与数据采集记录中测点编号严格一致,地形要素之间的相关位置必须准确。地形图上须注记的各种名称、地物属性等,草图上也必须标注清楚、正确。草图可按地物相互关系一块一块地绘制,地物密集处可绘制局部放大图,图 4-5 为某区域地形草图示例。

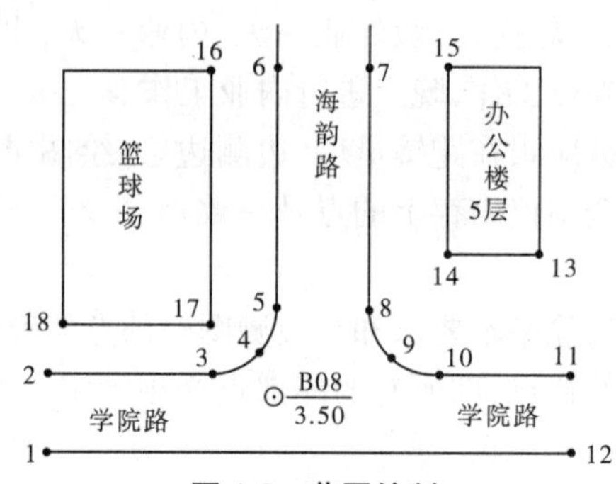

图 4-5　草图绘制

(8)重复以上工作,直到完成一个测站上所有碎部点的测量工作。在每个测站数据采集工作结束前,还应对定向方向进行检测。检测结果不应超过定向时的限差要求。

(五)数字测图碎部测量常用的方法

使用全站仪测定碎部点的位置,最常用的方法是极坐标法,其他方法还有延长量边法、垂直量边法、垂足法、直线方向交会、直线距离交会、两直线求交、平行线交会、垂线交会、两点前方交会、后方交会、距离交会等。很多碎部测量的方法都已经编写在测图软件中,测量后立即解算出坐标,并可实时展点绘图。在数字测图中还可以采用"一步测量法",即在图根导线选点、埋石后,图根导线测量和碎部测量同步进行。下面介绍"一步测量法"的基本原理,有关全站仪极坐标法测定碎部点坐标的原理请参考《数字水准仪、全站仪测量技术》(顾孝烈等,同济大学出版社,2003)一书第 2. 4. 4. 2 节。

在一个测站上,先测导线点的角度、边长等观测数据,紧接着在该测站进行碎部测量。"一步测量法"也同时满足现场实时成图的需要。现以附合导线为例加以说明(见图 4-6)。

在图 4-6 中,A、B、C、D 为已知点,m、n、o、p 为图根点,1、2、3、… 为碎部点,其作业步骤为:

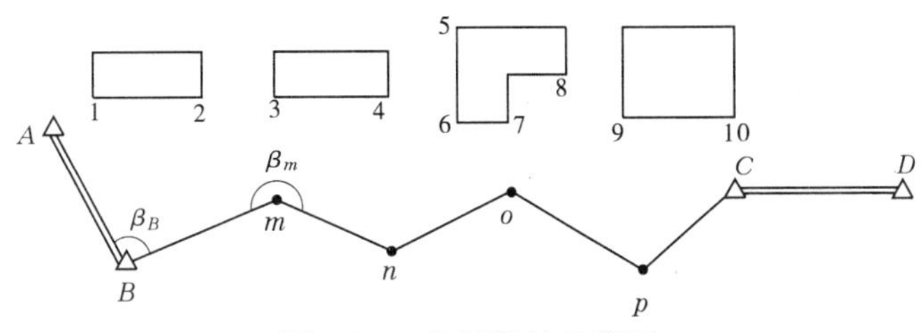

图 4-6　一步测量法示意图

(1)全站仪安置于 B 点(坐标已知),后视 A 点,前视 m 点,测得水平角(β_B)及前视天顶距、斜距、棱镜高等数据。由 B 点坐标即可算得 m 点的坐标(x_m,y_m,z_m)。

(2)仪器不动,以 B 点为测站,A 点为后视点,在全站仪数据采集模式下,施测 B 测站周围的碎部点 1,2,3,…,仪器即刻算出碎部点的坐标并存入内存中。采用草图法数字测记模式,在施测各个碎部点时,可由绘图员绘制工作草图。当采用有码作业数字测记模式时,在施测各碎部点时,还要加上编码及连接信息。当采用电子平板测绘模式时,可将数据直接传给电子平板,在显示屏上实时展点绘图。

(3)仪器搬至 m 点,此测站点坐标已知(x_m,y_m,z_m),后视 B 点,测得水平角及前视 n 点的天顶距、斜距、棱镜高等数据,可算得 n 点的坐标(x_n,y_n,z_n)。紧接着以 m 点为测站,B 点为后视点,在全站仪数据采集模式下,施测 m 测站周围的碎部点 4,5,6,…,仪器即刻算出碎部点的坐标,实时展绘碎部点成图,方法同上。同理,依次测得各导线点和碎部点坐标。

“一步测量法”的步骤归结为:先在已知坐标的控制点上设测站,在该测站上先测出下一导线点(图根点)的坐标,然后施测本测站的碎部点坐标,并可以实时展点绘图。搬到下一测站,其坐标已知,测出下一导线点的坐标,再测本站碎部点……。

(4)待导线测到 p 测站,可测得 C 点坐标,记作 C'点。C'坐标与 C 点已知坐标之差,即为该附合导线的坐标闭合差,由此可算出导线全长相对闭合差。若导线全长相对闭合差在限差范围之内,则可平差计算出各导线点的坐标。

为了提高测图精度,可根据平差后的坐标值重新计算各碎部点的坐标,称碎部坐标重算,然后显示成图。若闭合差超限,则想办法查找出导线错误之处,返工重测,直到闭合为止。但这个返工工作量仅限于图根点的返工,而碎部点的原始测量数据仍可利用,闭合后,重算碎部点即可。

“一步测量法”对图根控制测量和碎部测量来说,可以少设一次站,少跑一遍路,明显提高外业效率,但它只适合于数字测图。当导线闭合差超限时,只需重测导线错误处,且全站仪数字测图出错的可能性很小,因而在数字测图中采用“一步测量法”是合适的。

(六)碎部测量的注意事项

(1)在进行碎部测量时,对于比较开阔的地方,在一个制高点上可以测完大半幅图,就不要因为距离“太远”(其实也不过几百米)而忙于搬站。对于比较复杂的测区,就不要因为“麻烦”(其实也浪费不了几分钟)而不搬站,要充分利用电子手簿的优势和全站仪的精度,测一个支导线点是很容易的,但规范规定支导线点只能连续支两次。

(2)当地物比较规整时,可以在现场输入碎部点简码,室内自动成图。当地物比较凌乱时，则应在现场绘制草图，室内对照草图用测点点号定位方法成图。

（3）当所测地物比较复杂时，为了减少镜站数，提高效率，可用皮尺丈量的方法测量，室内用交互编辑方法成图。

（4）在进行地貌采点时，可以用一站多镜的方式进行测量，一般在地性线上要有足够密度的点，特征点也要尽量测到。如图4-7所示，例如在沟底测了一排点，也应该在沟边再测一排点，这样生成的等高线才真实；而在测量陡坎时，最好坎上坎下同时测点，这样生成的等高线才没有问题。在其他地形变化不大的地方，可以适当放宽采点密度。

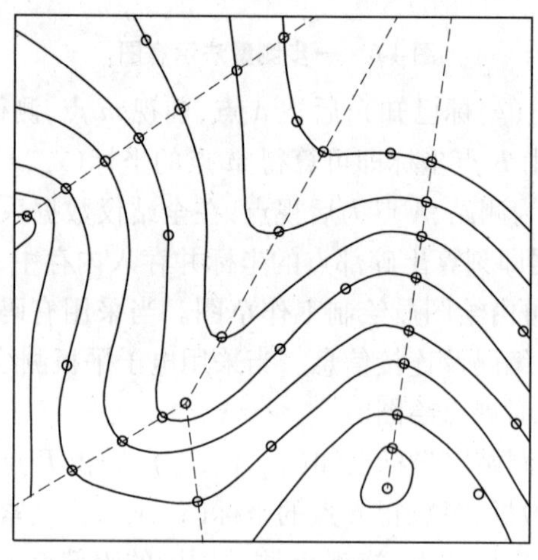

图4-7　地貌特征点的采集

第三节　数字化成图软件CASS7.0的使用方法

一、软件的安装与启动

（一）CASS7.0的运行环境

1.硬件环境

（1）处理器（CPU）：Pentium(r)Ⅲ或更高版本。

（2）内存（RAM）：256 MB（最少）。

（3）视频：1 026×768真彩色（最低）。

（4）硬盘安装：安装300 MB。

2.软件环境

（1）操作系统：Windows9x/2000/XP。

（2）浏览器：IE6.0或更高版本。

（3）平台：AutoCAD2004/AutoCAD2005/AutoCAD2006。

（二）CASS7.0的安装

CASS7.0的安装应该在安装完AutoCAD2004/AutoCAD2005/AutoCAD2006后才能进行。在安装AutoCAD2004/AutoCAD2005/ AutoCAD2006时，应选择完全安装，安装结束后，应运行一次确认AutoCAD2004/AutoCAD2005/ AutoCAD2006已经正确安装并能正常使用、

退出，再安装 CASS7.0。

在 CASS7.0 的安装光盘中，打开 CASS7.0 文件夹，找到 setup.exe 文件并双击它，屏幕上将出现如图 4-8 所示的 CASS 安装向导界面，用户只需按照安装向导的提示单击“下一步”等按钮，将软件安装在默认的安装位置 C:\Program Files\CASS70 即可。

图 4-8　CASS7.0 软件“安装向导”界面

（三）CASS7.0 的启动

启动 CASS7.0 成图系统前，应先插好软件狗，然后按下述的任一种方法启动本系统。

（1）双击 Windows 桌面上的图标“南方 CASS7.0 成图系统”，即可启动。

（2）单击 Windows 的“开始”按钮，选择“程序”项，再选择“CASS 成图系统”组中的软件项“南方 CASS7.0 成图系统”，即可启动。

“南方 CASS7.0 成图系统”启动后的主界面如图 4-9 所示。

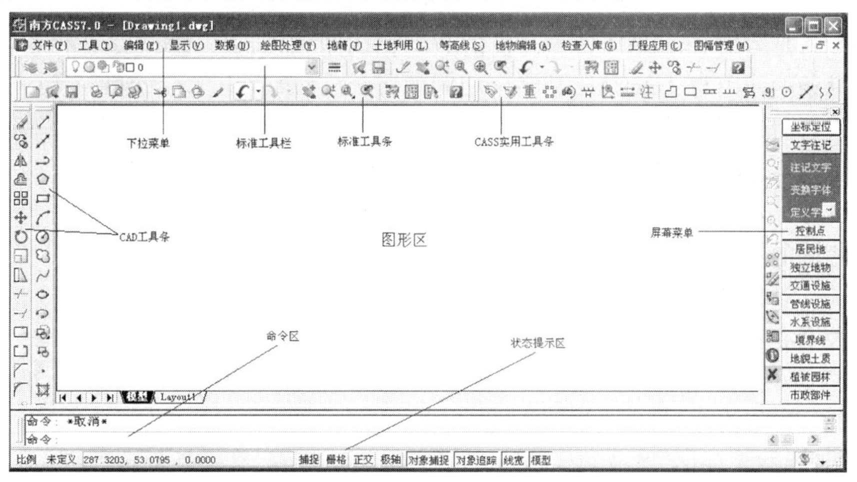

图 4-9　CASS7.0 界面

CASS7.0 的操作界面及操作方法与 AutoCAD2004/AutoCAD2005/ AutoCAD2006 是相同的，主要分为顶部下拉菜单、右侧屏幕菜单、图形区、工具条、底部命令区和状态提示区等，两者的区别在于下拉菜单和工具条的内容不同，AutoCAD R12 版本以后的软件操作界面上不再出现屏幕菜单，但 AutoCAD 的各项功能在 CASS7.0 中都能使用，熟悉 AutoCAD 操作的读者是不难掌握的。CASS7.0 操作界面的主要功能简介如下：

（1）顶部下拉菜单。几乎所有的 CASS7.0 命令及 AutoCAD2004/AutoCAD2005/ AutoCAD2006 的编辑命令都包含在顶部的下拉菜单中，例如文件管理、图形编辑、工程应用等命令都在其中。

（2）右侧屏幕菜单。CASS7.0 屏幕的右侧设置了“屏幕菜单”，这是一个测绘专用交互绘图菜单。进入该菜单的交互编辑功能时，必须先选定定点方式。CASS7.0 右侧屏幕菜单中定点方式包括“坐标定位”“点号定位”“电子平板”“地物匹配”等方式。

(3)工具条。在屏幕的上部和左侧分别有若干个工具条。其中上部的工具条(标准工具栏)是 AutoCAD 本身就有的，它包含了 AutoCAD2004/AutoCAD2005/AutoCAD2006 的许多常用功能，如图层的设置、打开已有图形文件、图形存盘、重画屏幕等。屏幕上部右侧的工具条(CASS 实用工具栏)则是 CASS 所特有的，它具有 CASS 的一些较常用的功能，如察看实体编码、加入实体编码、查询坐标、注记文字等。屏幕左侧的工具条为 AutoCAD 常用工具条。当鼠标指针在这两个工具栏的某个图标上停留一两秒钟，鼠标的尾部将出现该图标的说明，鼠标移动将消失。

二、CASS7.0 下拉菜单的使用方法

数字地形图与普通的 AutoCAD 绘图不同，它是在获取了点的三维坐标、连接关系和属性后，用规定的地形图图式符号，在图上应有位置准确地绘制出该图形。如前所述，点的三维坐标、连接关系和属性这样一些定位和绘图信息，通过内外数据采集的方式是不难得到的，而数字化成图软件要解决的关键技术，就是如何根据这些定位和绘图信息绘制地形图图式符号的问题。各种数字化成图软件都根据国家标准地形图图式制作了图式符号库，提供了各种地物符号的绘制方法。学习数字化成图软件的使用，除了要熟悉各种菜单和工具条的使用方法，主要是应该熟练掌握图式符号库的使用。

CASS7.0 是运用 AutoCAD 技术开发的数字化成图软件，其菜单和工具条的使用与 AutoCAD 是完全相同的，每个菜单项均以对话框或者命令提示的方式与用户交互应答，操作时一定要注意按提示内容进行，具体的操作方法将在下节结合实例介绍，这里主要介绍 CASS7.0 所特有的一些菜单项的使用方法，与 AutoCAD 相同的菜单项的使用可以参阅 AutoCAD 的有关教材或操作手册。

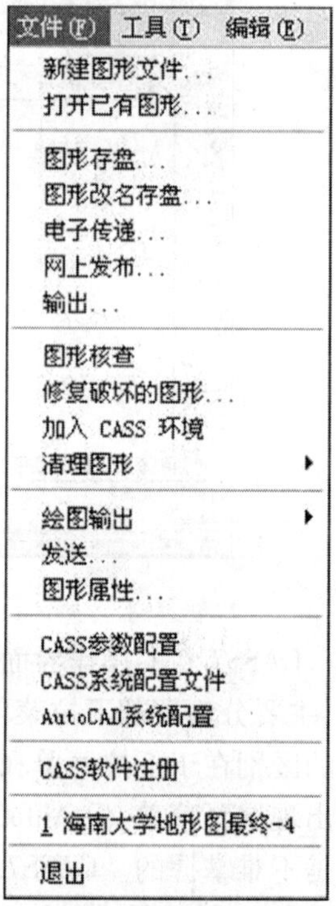

(一)文件的操作

“文件”菜单主要用于控制图形文件的输入、输出，对整个系统的运行环境进行修改和设定，如图 4-10 所示。

图 4-10 文件菜单

1.“新建图形文件…”菜单项

点击该菜单会弹出“选择样板”对话框，如图 4-11 所示。acadiso.dwt 即为 CASS7.0 的模板文件，它包含了预先准备好的设置，包括绘图的尺寸、单位类型、图层、线型及其他内容。使用样板可避免每次重复基本设置和绘图，快速地得到一个标准的绘图环境，大大节省工作时间。点击“打开”按钮，便可调用。调用后便将 CASS7.0 所需的图块、图层、线型等载入。若需要自定义模板，输入所指模板名后点击“打开”按钮即可。

2.“加入 CASS 环境”菜单项

在打开一幅由其他软件绘制的图进行编辑之前，应该将 CASS7.0 系统的图层、图块、线型等加入到当前图中，否则由于图层、图块等的缺失可能会导致系统无法正常运行。打开图

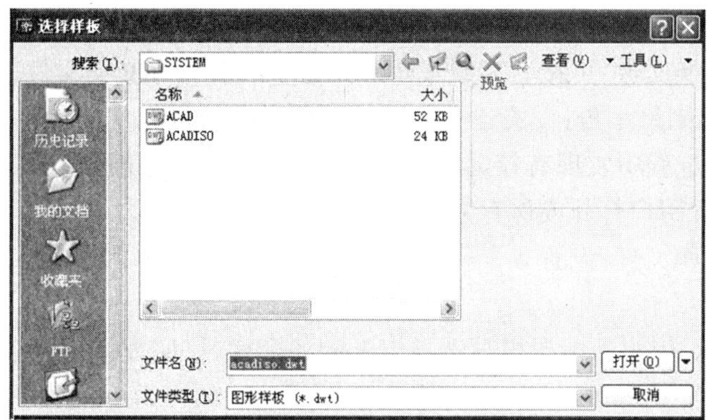

图 4-11 “选择样板”对话框

形文件后,执行“加入 CASS 环境”菜单项即可。

3.“CASS7.0 参数设置”菜单项

选择该菜单项,出现“CASS7.0 参数设置”对话框,可以通过该对话框设置 CASS7.0 的各种参数。该对话框内有四个选项卡:“地物绘制”“电子平板”“高级设置”“图框设置”,如图 4-12 所示。

1)地物绘制选项卡

地物绘制选项卡如图 4-12 所示,各项功能说明如下:

高程注记位数:设置展绘高程点时高程注记小数点后的位数。

电杆间是否连线:设置是否绘制电力、电信线电杆之间的连线。

围墙是否封口;设置是否将依比例围墙的端点封口。

自然斜坡短坡线长度:设置自然斜坡的短线是按新图式的固定 1 mm 长度还是旧图式的长线一半长度。

填充符号间距:设置植被或土质填充时的符号间距,缺省为 20 mm。

陡坎默认坎高:设置绘制陡坎后提示输入坎高时默认坎高。

2)电子平板选项卡

电子平板选项卡如图 4-13 所示,用于在使用电子平板作业时选择“手工输入观测值”或全站仪的类型,设置全站仪与电脑间的数据通信参数。

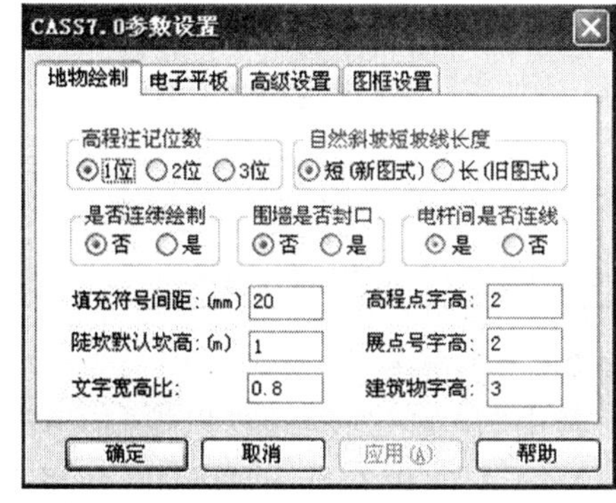

图 4-12 “CASS7.0 参数设置”对话框(地物绘制选项卡)

图 4-13 电子平板选项卡

3)高级设置选项卡

生成和读入交换文件:可按骨架线或图形元素生成和读入交换文件,如图 4-14 所示。

DTM 三角形限制最小角:设置建三角网时三角形内角可允许的最小角度。系统默认为 10°,当在建三角网过程中发现有较远的点无法连上时,可将此角度改小。

用户目录:设置用户打开或保存数据文件的默认目录。

地名库和图幅库文件:设置 2 个库文件的目录位置,注意库名不能改变。

4)图框设置选项卡

如图 4-15 所示,依实际情况填写选项卡上的各个栏目,完成图框各项的自定义。其中,测量员、绘图员、检查员等可以到加图框的时候再填。

图 4-14　高级设置选项卡

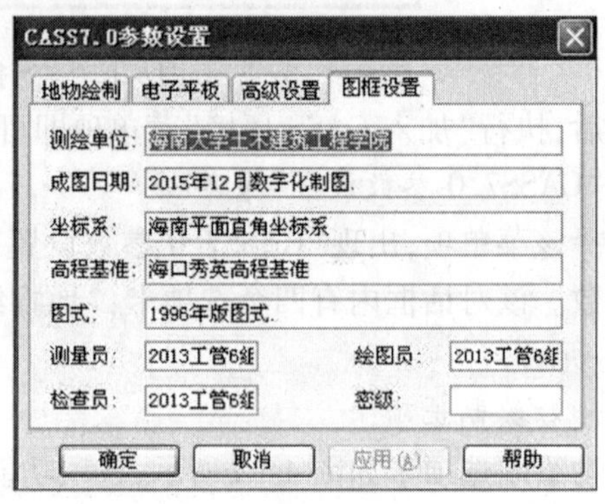

图 4-15　图框设置选项卡

4."AutoCAD 系统配置"菜单项

"AutoCAD 系统配置"菜单项可以设置 CASS7.0 的平台 AutoCAD2004/AutoCAD2005/AutoCAD2006 的各种常用参数及外设,对 CASS7.0 的工作环境进行设置,如图 4-16 所示。

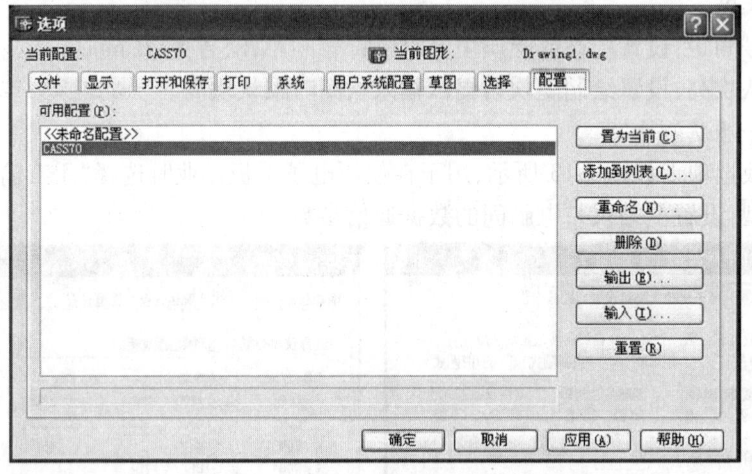

图 4-16　AutoCAD 系统配置对话框

设置方法可以参阅 AutoCAD 的操作手册,其中"配置"选项卡可以控制 CASS7.0 和 AutoCAD之间的切换。如果想在 AutoCAD2004/AutoCAD2005/ AutoCAD2006 环境下工作,可在此界面下选择"未命名配置",然后单击"置为当前"按钮;如果想在 CASS70 环境下工作,可选择 CASS70,然后单击"置为当前"按钮。

(二)工具的操作

“工具”菜单主要用于编辑图形时提供绘图工具,如图 4-17 所示。

当绘制图形或者编辑对象时,需要在屏幕上指定一些点。定点最快的方法是直接在屏幕上拾取,但这样却不能精确指定点。精确指定点最直接的办法是输入点的坐标,但这样又不够简洁快速。而应用捕捉方式,便可以快速而精确地定点。AutoCAD 提供了多种定点工具,如栅格(Grid)、正交(Ortho)、物体捕捉(Osnap)及自动追踪(Auto Track)。而在物体捕捉式中又有圆心点、端点、插入点等,使用方法参阅 AutoCAD 的操作手册。灵活运用物体捕捉能够有效地提高绘图效率和质量。

在“工具”菜单中提供了前方交会、后方交会、边长交会、方向交会和支距量算五种按测量数据确定点位的作图方法,并且集成了 AutoCAD 画直线、画圆等几种常用的绘图方法和制作图块、插入图块、批量插入图块、光栅图像、文字、查询等常用的操作。

(三)编辑的操作

CASS7.0 编辑菜单主要通过调用 AutoCAD 命令,利用其强大丰富、灵活方便的编辑功能来编辑图形,菜单如图 4-18 所示。

其中的“删除”菜单项提供了多种方式指定删除对象,菜单如图 4-19 所示。举例如下:

图 4-17　工具菜单　　图 4-18　编辑菜单　　图 4-19　删除子菜单

(1)多重目标选择。能够删除选择的多个目标。左键点取本菜单后,依命令区提示选择要删除的目标,这时可以用鼠标左键依次选定目标,也可以用鼠标拉框选择,选取完毕后单击右键结束,系统自动完成删除。

(2)单个目标选择。能够删除选定的单个目标。单击左键选取本菜单后,一选定目标,立即完成删除。

(3)上个选定目标。能够删除最后一个生成的目标。单击左键选取本菜单后,自动完成删除。

(4)实体所在图层。能够删除所有与选定实体在同一图层上的实体。左键点取本菜单后,选定想要删除的图层中的一个实体即可。

(5)实体所在编码。能够删除所有与选定实体属性编码相同的实体。左键点取本菜单后,选定想要删除的属性编码中的一个实体即可。

(四)数据处理的操作

数据菜单集成了大部分 CASS7.0 数据处理的重要功能,主要用于属性的处理,数据的传输、转换等,菜单如图 4-20 所示。

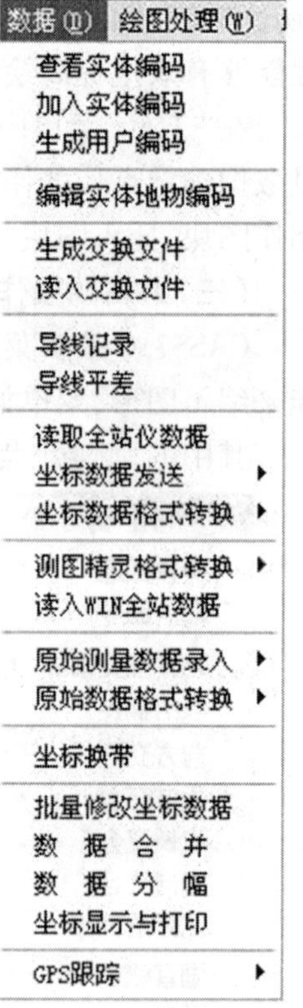

图 4-20　数据处理菜单

在绘图过程中有时需要查看实体的属性,点取“查看实体编码”菜单后,用光标选取待查图形实体,系统就会以信息框显示所查实体的 CASS7.0 内部代码以及文字说明。

用全站仪等测量仪器采集的数据需要传输到计算机,经处理后才能绘制数字地形图。数据通信的作用就是完成带内存的全站仪或掌上电脑等电子手簿与计算机两者之间的数据相互传输。

数据可以由带内存的全站仪或掌上电脑等计算机传输,将数据存在计算机的硬盘供计算机后处理;也可以将计算机中的数据由计算机向带内存的全站仪或掌上电脑等传输(如将在计算机平差好的已知点数据传给带内存的全站仪或掌上电脑等)。

1. 带内存全站仪与 CASS7.0 的通信方法

(1)将全站仪通过适当的通信电缆与计算机连接好。

(2)移动鼠标至“数据处理”的“读取全站仪数据”项,该处以高亮度(深蓝)显示,单击鼠标左键,出现如图 4-21 所示的对话框。

(3)根据不同仪器的型号设置好通信参数,再选取好要保存的数据文件名,点“转换”。

如果想将以前传过来的数据(比如用超级终端传过来的数据文件)进行数据转换,可先选好仪器类型,再将仪器型号后面的“联机”选项取消。这时就会发现,通信参数全部变灰。接下来,在“通信临时文件”选项下面的空白区域填上已有的临时数据文件,再在“CASS 坐标文件”选项下面的空白区域填上转换后的 CASS 坐标数据文件的路径和文件名,点击“转换”即可。

2. 测图精灵与 CASS7.0 的通信方法

(1)在测图精灵中将图形保存,然后传到计算机上,存到计算机上的文件扩展名是 SPD。此文件是二进制格式,不能用写字板打开。

(2)移动鼠标至“数据处理”项的“测图精灵格式转换”项,在下级子菜单中选取“读

图 4-21 “全站仪内存数据转换”对话框

入”,该处以高亮度(深蓝)显示,单击鼠标左键,如图 4-22 所示。

(3)CASS7.0 的命令行提示输入图形比例尺,输入比例尺后出现“输入测图精灵图形文件名”的对话框,如图 4-23 所示。

(4)找到从测图精灵中传过来的图形数据文件,单击“打开”按钮,系统会读取图形文件内容,并根据图形内的地物代码在 CASS7.0 中将图形绘制出来。这时得到的图形与在测图精灵中看到的完全一致。

如果要将一幅 AutoCAD 格式的图(扩展名为 DWG)转到测图精灵中进行修补测,可在菜单“数据处理”下找到“测图精灵格式转换”子菜单下的“转出”,利用此功能,可将 CASS7.0 下的图形转成测图精灵的 SPD 图形文件。

转换完成后将得到一个扩展名为 SPD 的文件,比起原来的 DWG 来小许多,这时可以将测图精灵与计算机连接(方法同上),将此文件传到测图精灵的“My Documents”目录下。

启动测图精灵,在“文件”菜单下选“打开”,这时就可以看到刚才传过来的图形文件,选择它,打开,图形将出现在测图精灵上。这样就实现了测图精灵与 CASS7.0 的图形数据传输。

图 4-22 数据处理菜单

三、CASS7.0 屏幕菜单的使用方法

CASS7.0 屏幕的右侧设置了“屏幕菜单”,如图 4-24 所示。这是一个测绘数字地形图专用的交互绘图菜单,地形图图式符号是通过调用该菜单绘制的。

(一)坐标定位

CASS7.0 右侧屏幕菜单中“坐标定位”菜单对应于数字测图的几种作业模式,包括“坐

图 4-23 “输入测图精灵图形文件名”对话框

标定位”“点号定位”“电子平板”“地物匹配”等方式。

进入该菜单的交互编辑功能时,必须先选定定点方式。用鼠标单击屏幕菜单的“坐标定位”菜单,将弹出二级菜单,如图 4-25 所示界面。二级菜单包括“坐标定位”“点号定位”“电子平板”“地物匹配”等二级菜单,每一种方式对应于数字测图的一种作业模式。

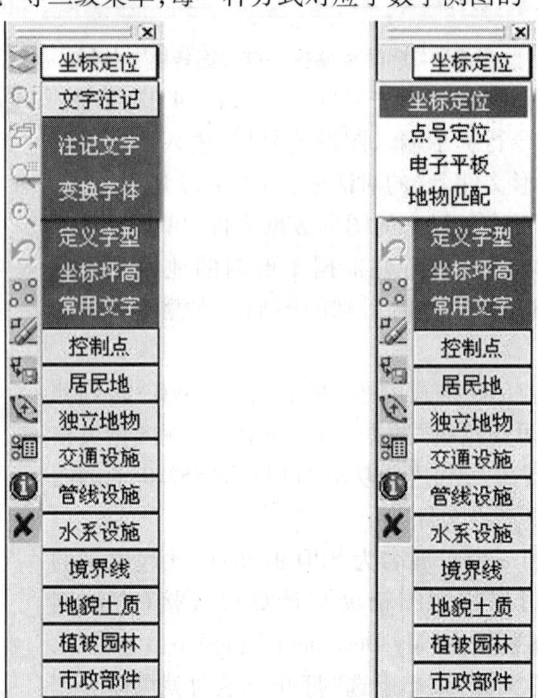

图 4-24 屏幕菜单　　　图 4-25 “坐标定位”二级菜单

1. 坐标定位

用鼠标单击该二级菜单的“坐标定位”按钮,将返回屏幕菜单,第一个按钮即为“坐标定位”。

2. 地物匹配

用鼠标单击该二级菜单的“地物匹配”按钮,将返回屏幕菜单,第一个按钮即为“地物匹配”。

3. 点号定位

用鼠标单击该二级菜单的“点号定位”选项，即可进入“点号定位”定点方式。进入此定点方式时将弹出“选择点号对应的坐标点数据文件”对话框，如图 4-26 所示。选择坐标数据文件的路径，单击对话框的“打开”按钮，命令栏出现提示：“读点完成！共读入 n 个点”。返回屏幕菜单，第一个按钮即为“点号定位”。用户可以看到图上所示的界面与“坐标定位”方式的显示界面基本相同，只是多了一项“找指定点”，它的功能是在输入一个点的点号后，把该点平移到所指定的点位。其余菜单项的操作方法与“坐标定位”方式下相应菜单的操作基本相同，只是点的输入方法有所变化，命令行提示为：

图 4-26 “选择点号对应的坐标点数据文件名”对话框

定点 P/ <点号>:

此时可直接在命令行用键盘输入点号，也可先输入 P，然后用鼠标在图上捕捉一点。

注意：在用“测点点号”方式作业时，必须将测点点号展绘出来，便于对照编辑。

4. 电子平板

在进入“电子平板”作业模式以前用户需做以下准备工作：

(1) 在 Windows 的记事本或其他编辑软件中，按照 CASS7.0 的系统文件格式将已知点坐标编辑为坐标数据文件。

(2) 在测站点架好仪器，并把笔记本电脑与全站仪用相应的电缆连接好，开机后进入 CASS7.0 系统。

做了以上准备工作后，用户可在右侧屏幕菜单用鼠标单击“电子平板”选项进入“电子平板”作业模式。此时将弹出一个“电子平板测站设置”对话框，如图 4-27 所示。

首先选择坐标数据文件，然后确定定向方式，其中方位角定向要求录入定向方位角度。设置测站点、定向点及检查点的坐标值，其中可以直接录入数据文件中的点号，也可以直接在图面上选取，当然手工录入也是可以的。

做完之后，点击“检查”按钮供用户检查测站设置是否正确，点击“检查”按钮会弹出提示窗，如图 4-28 所示，全部完成后点击“确定”按钮进入电子平板测量模式。

(二) 文字注记

用鼠标点取“文字注记”菜单后，将弹出二级菜单，如图 4-24 所示。二级菜单有“注记文字”“变换字体”“定义字型”“坐标坪高”“常用文字”内容。

1. 注记文字

在指定的位置以指定的大小书写文字。文字字体为当前字体，CASS7.0 系统默认字体为细等线体，可以通过下面介绍的“变换字体…”的方法改变字体。

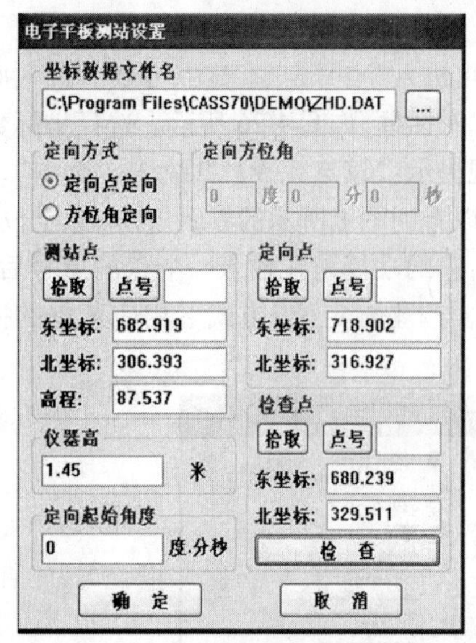

图 4-27 “电子平板测站设置”对话框

图 4-28 电子平板测站检查提示窗

用鼠标点击二级菜单中的“注记文字”按钮，将弹出“文字注记信息”对话框，如图 4-29 所示。输入文字内容，选择注记文字的排列方式，输入注记文字的图面大小，默认值为 3.0 mm，选择注记类型，按“确定”按钮，然后用鼠标在屏幕上点击注记文字的中心位置，完成文字注记。输入的文本高是绘图输出后的高度，在当前图上，由于比例尺的因素，字高可能不同，例如 1:500 的图，输入注记字高是 3.0 mm，图形上实际尺寸为 1.5 mm，出图放大一倍后图上才有 3.0 mm。

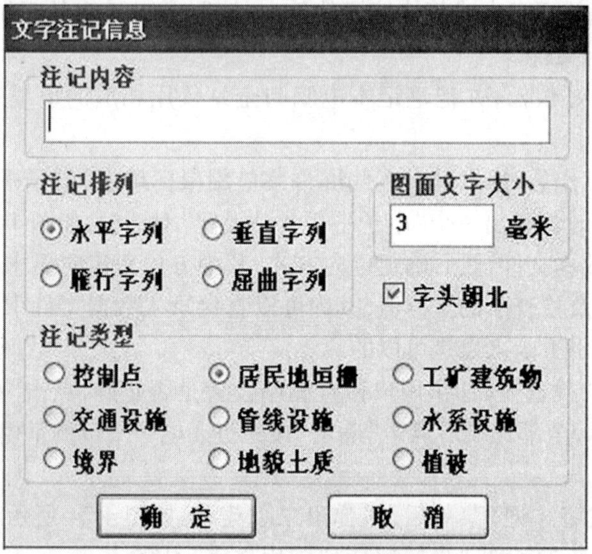

图 4-29 “文字注记信息”对话框

2. 变换字体

用鼠标点击二级菜单中的“变换字体”按钮，将弹出“选取字体”对话框，如图 4-30 所示。CASS 用中文字体创建了几种绘制地形图常用的文字样式，通过“变换字体”可以方便地选择注记文字所需要的字体和样式。

3. 定义字型

定义字型是 AutoCAD 创建文字样式的命令,操作过程与 AutoCAD 中的操作相同,“文字样式”对话框如图 4-31 所示。

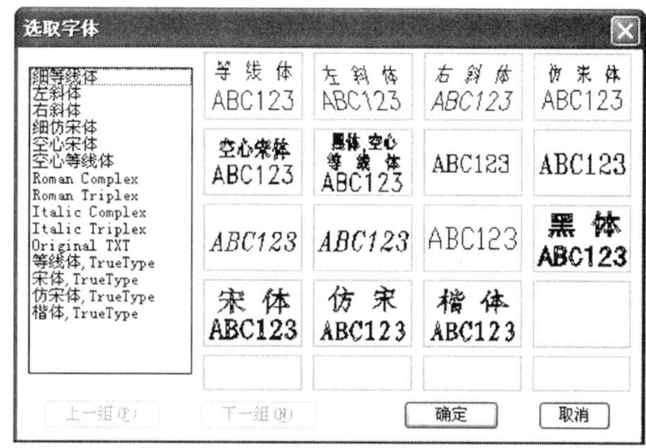

图 4-30 “选取字体”对话框

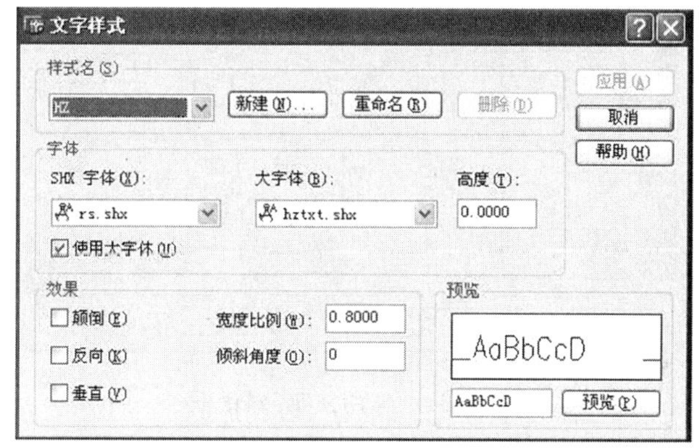

图 4-31 “文字样式”对话框

4. 坐标坪高

在屏幕上对图上指定的任意点查询并自动注记该点的测量坐标,如房角点、围墙角点、空白区域等,以及用于注记地坪高。“坐标坪高”对话框如图 4-32 所示。

在进行图上已有点的坐标注记时,应精确捕捉待注点。系统将根据所设定的捕捉方式捕捉到合乎要求的点位,然后由注记点向注记位置点引线并在注记位置处注记点的坐标。

5. 常用文字

实现常用字直接选取(不需用拼音或其他方式输入),“常用文字”对话框如图 4-33 所示。

选定其中的某个汉字(词)后,按“确定”键。用鼠标指定定位点后,系统即在相应位置注记选定的汉字(词)。这里注记的汉字的字高在 1:1 000 时恒为 3.0 mm,如果想改变字体的大小,可以使用下拉菜单“地物编辑→批量缩放→文字”菜单操作。

(三)控制点

用鼠标点取屏幕菜单下的“控制点”菜单项后,会弹出二级菜单,二级菜单有平面控制点和其他控制点菜单,点击平面控制点菜单后会弹出“平面控制点”对话框,如图 4-34 所示,

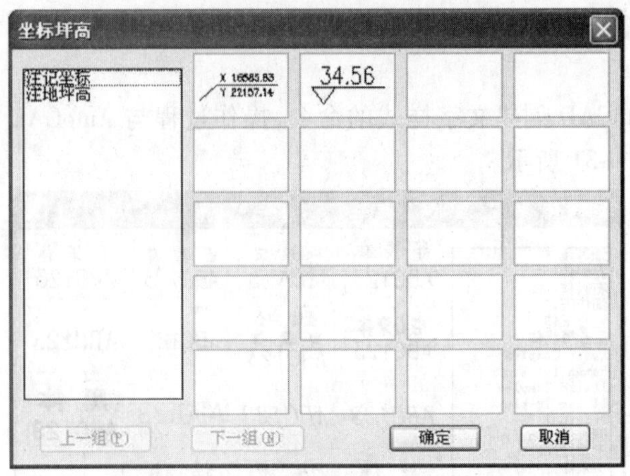

图 4-32 “坐标坪高”对话框

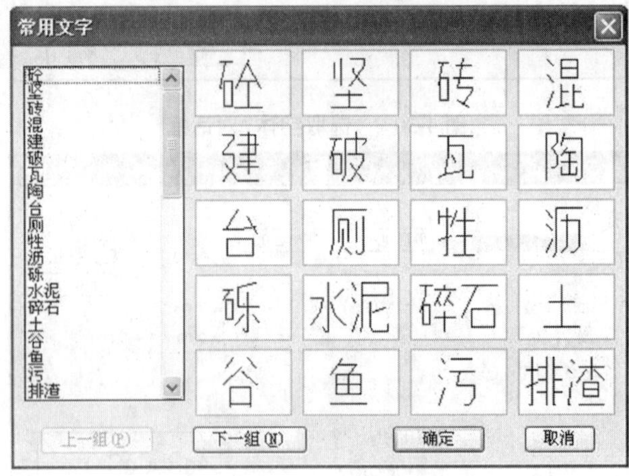

图 4-33 “常用文字”对话框

点击其他控制点菜单后会弹出“其他控制点“对话框,如图 4-35 所示。

在左边的文字框或右边的图块框都可以选取所要操作的菜单命令,交互展绘各种测量控制点。

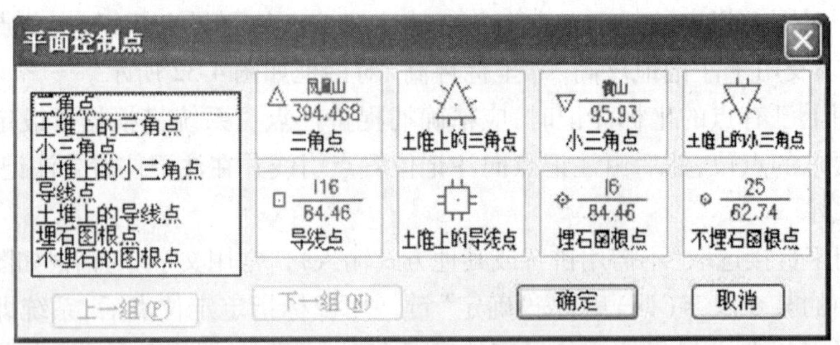

图 4-34 “平面控制点”对话框

菜单中各个控制点的操作方法基本上一样,以导线点为例说明其操作步骤。鼠标选取“导线点”,然后单击“确定”按钮,按下列命令行提示输入,系统将在相应位置上依图式展绘控制点的符号,并注记点名和高程值。

输入点： 输入控制点点位，用鼠标指定或用键盘输入坐标。

高程(m)： 输入控制点高程。

等级－点名： 输入控制点点名。

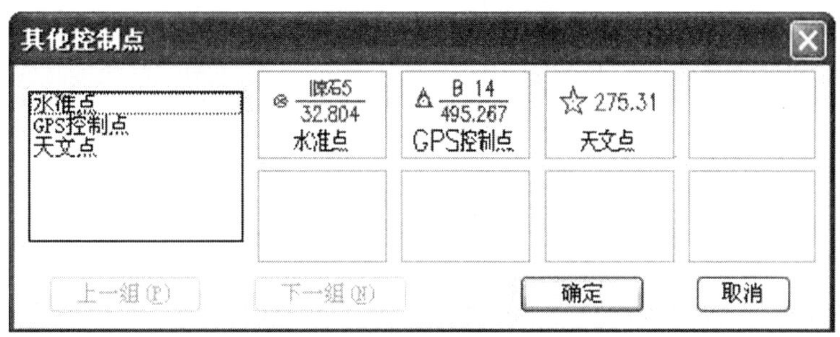

图 4-35 “其他控制点”对话框

(四)居民地

用鼠标点取屏幕菜单下的“居民地”菜单项后，会弹出二级菜单，二级菜单有一般房屋、普通房屋、特殊房屋、房屋附属、支柱墩和垣栅菜单，如图 4-36 所示。单击“一般房屋”菜单后会弹出“一般房屋”对话框，如图 4-37 所示。

如图 4-37 所示，在左边的文字框或右边的图块框都可以选取所要绘制的居民地符号。如果使用左边的文字框，可用鼠标按住文字框右边的竖直滚动条进行翻页查找，找到后用鼠标选取，并单击“确定”按钮确认；如果使用右边的图块框，可用鼠标分别单击“下一组”“上一组”按钮翻页，查找所需要的居民地符号，找到后用鼠标双击标有注记的图标或用鼠标选取后单击“确定”按钮确定，然后按地形图图式符号在指定位置交互地绘制居民地。

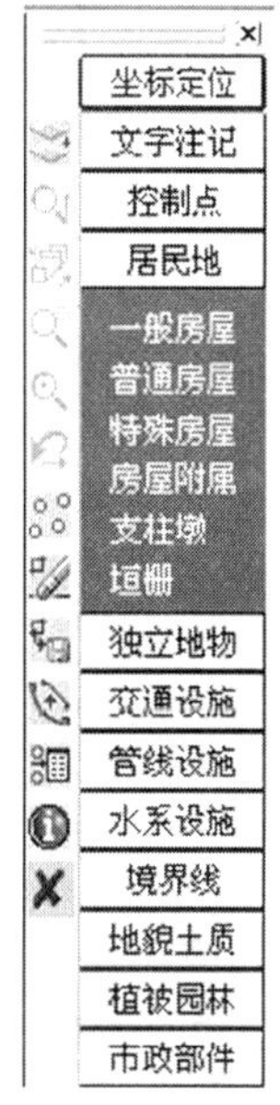

图 4-36 “居民地”二级菜单

1. 多点房屋类

用鼠标选取某一类多点房屋，例如“多点一般房屋”，然后单击“确定”按钮，命令行提示：

第一点：

输入点： 输入房屋的任意拐点。可用鼠标直接在图上确定，也可以在命令行输入坐标确定点位。

指定点：

输入点： 按顺时针或逆时针顺序输入房屋的第二拐点。

闭合 C/隔一闭合 G/隔一点 J/微导线 A/曲线 Q/边长交会 B/回退 U/ <指定点>： 这一步共有八个选项，可选其中某一项然后根据提示进行操作(具体操作与下拉菜单工具→多功能复合线的操作相同)。可用鼠标定点或在命令行输入字母 C、G、J、A、Q、B、U 之一后回车，选其中某一项然后根据提示进行操作。系统默认操作为输入下一点坐标。

输入字母后的命令意义如下：

C：将最后绘制的一个点与第一点连接，形成一封闭的多点房屋，并结束该操作。为确保以后面积计算的正确，绘制的每一个多点房屋都要在最后一点时用 C 命令闭合。

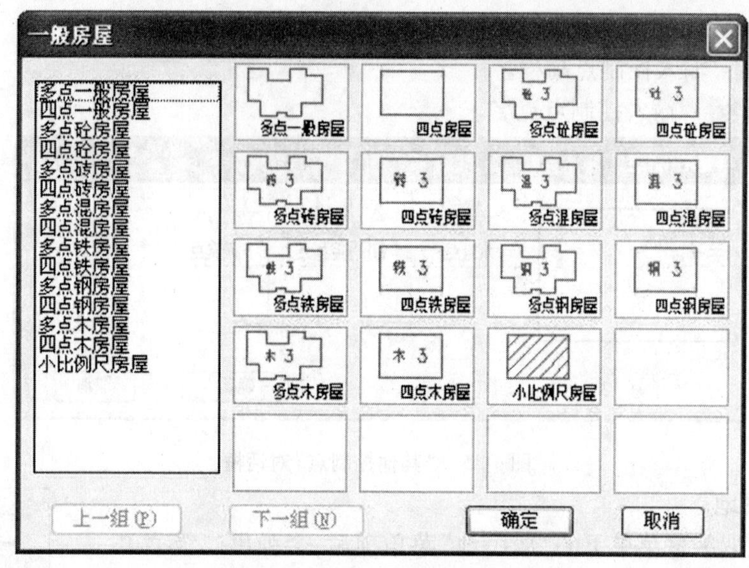

图 4-37 “一般房屋”对话框

G:程序将根据给定的最后两点和第一点计算出一个新点,如图 4-38 所示。

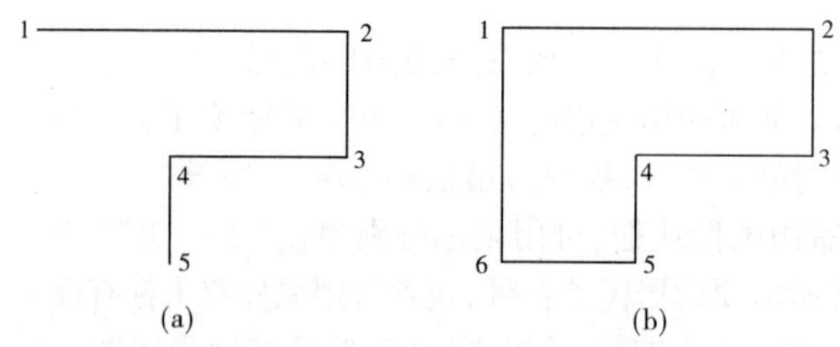

图 4-38 输入字母 G 后的命令意义

图 4-38(a)为按上述方法给出的多点房屋第 1 到 5 个墙角点,输入 G 后回车,然后系统会生成第 6 点,并自动从第 5 点经过第 6 点闭合到第 1 点,生成图 4-38(b)所示的闭合多点房屋。第 6 点即所谓的“隔点”,它满足这样一个条件:∠456 和∠561 均为直角。这种做法适合于三点确定一个房屋的情况。

J:与选 G 相似,只是由用户输入一点来代替选 G 时的第一点。输入一点后系统自动根据线的处理方向在前一点和新点间插入一个点,使该点与前一点及输入点的连线构成直角。如图 4-39(a)所示,已绘出房屋的第 1 到 3 个墙角点,输入 J 回车,提示“输入点”,这时在第 5 点的位置单击鼠标或输入坐标,在生成第 5 个墙角点的同时,系统会自动生成墙角的拐角第 4 点,并使第 4 点与第 3 点及第 5 点的连线构成直角,如图 4-39(b)所示。

A:“微导线”功能由用户输入当前点至下一点的左角(度)和距离(米),输入后将计算出该点并连线。

输入 A 回车,提示“微导线—键盘输入角度(K)/ <指定方向点(只确定垂直和平行方向)>”,若要求输入角度时则输入 K 后回车,提示“请键入夹角(度. 分秒):”,可直接输入左向转角;若直接用鼠标在绘制方向附近点击,只可确定与前一条边垂直或平行方向。此功能特别适合于知道角度和距离但看不到点的位置的情况,如房角点被树或路灯等障碍物遮挡时。

图4-39 输入字母J后的命令意义

Q:要求输入下一点及第二点或回车,系统自动在两点间画弧或三点间画一条曲线。

B:按边长交会的方法在图上已有的两点上用两条边长交会出一点。

U:取消最后画的一条边。

2. 四点房屋类

用鼠标选取某一类四点房屋,然后单击“确定”按钮,命令行提示:

1. 已知三点/2. 已知两点及宽度/3. 已知四点 <1>:选择1(缺省为1),则依顺时针或逆时针顺序输入三个房角点(如果三点间不成直角,将出现平行四边形);选择2,则依次输入房屋两个房角点和宽度(单位米,向连线方向左边画时输正值,向连线方向右边画时输负值);选择3,则按顺时针或逆时针顺序输入房屋的四个顶点。

3. 楼梯台阶类

当做这项操作时注意,一定要去掉所有的捕捉方式。

1)台阶、室外楼梯

用鼠标选取某一类台阶或室外楼梯,然后单击“确定”按钮,命令行提示:

输入点:输入楼梯第一边的始点。

输入点:输入楼梯第一边的终点。

输入点:输入楼梯另一边上任意一点后回车。

2)不规则楼梯

用鼠标选取“不规则楼梯”,然后单击“确定”按钮,命令行提示:

请选择:(1)选择线(2)画线 <1>:如选择(1),根据提示用鼠标点取已画好的楼梯两边线,系统将自动生成梯级。如选择(2),则出现以下提示:

开始画第一边:

第一点:

输入点:输入楼梯第一边的始点,然后继续按画复合线的方法绘制出楼梯的一边至结束,回车后,提示:

拟合线 <N>?回答拟合或不拟合回车,命令区提示:

开始画另一边:

第一点

输入点:输入楼梯另一边的始点,然后继续按画复合线的方法绘制出楼梯的另一边至结束,回车后,提示:

拟合线 <N>?回答拟合或不拟合回车,系统将自动生成梯级。

4. 依比例尺围墙

点击“垣栅”菜单后会弹出“垣栅”对话框,如图4-40所示。

用鼠标选取“依比例尺围墙”,然后单击“确定”按钮,命令行提示:

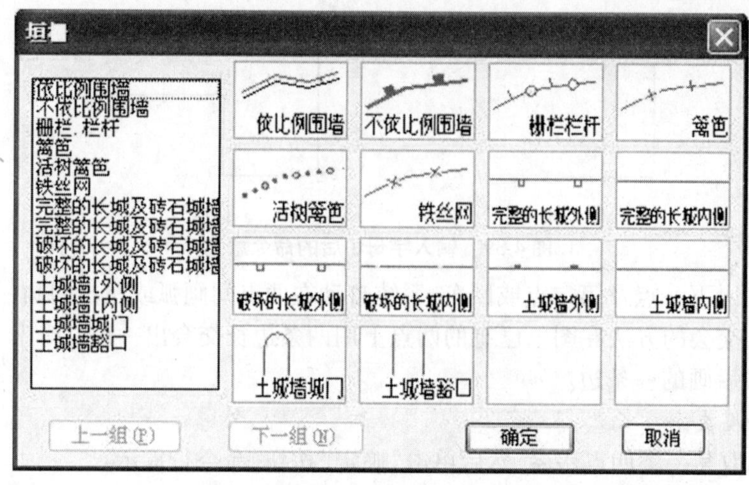

图 4-40 “垣栅”对话框

第一点:

输入点:输入第一点。

指定点:

输入点:输入另一点。

闭合 C/隔一闭合 G/隔一点 J/微导线 A/曲线 Q/边长交会 B/回退 U/ < 指定点 >: 以上具体操作与“多点房屋类”等多功能复合线的操作相同。待绘制完围墙骨架线后,提示:

拟合线 < N >?如需要拟合,键入 Y 回车;如不需要拟合,直接回车即可。

输入宽度(左 + 右 – 米): <0.500 >,根据提示输入围墙的宽度,输入正值在骨架线前进方向的左侧画围墙符号,输入负值则在骨架线前进方向的右侧画围墙符号。

5. 不依比例尺围墙、栅栏(栏杆)、篱笆、活树篱笆、铁丝网类、门廊、檐廊

用鼠标选取这类符号后单击“确定”按钮,命令行提示:

指定点:

输入点:用鼠标连续指定此类符号通过的点,单击鼠标右键或按回车结束。

6. 阳台

点击“房屋附属”菜单后会弹出“房屋附属”对话框,如图 4-41 所示。

画阳台前应先画出阳台所在房屋。用鼠标选取“阳台”后单击“确定”按钮,命令行提示:

请选择:(1)已知外端两点(2)皮尺量算(3)多功能复合线 <1 >,有三种绘制方法。

如选(1),命令行提示:

请选择阳台所在房屋的墙:用鼠标点取绘制阳台所在的房屋边。

选取阳台外端第一点:用鼠标指定或用键盘输入坐标,确定阳台外端第一点。

选取阳台外端第二点:用鼠标指定或用键盘输入坐标,确定阳台外端第二点。定出两点后,自动从这两点向房屋引垂直线,绘出阳台。

如选(2),命令行提示:

请输入阳台所在墙壁的第一端点:用鼠标指定阳台所在墙壁的一个端点。

请输入第二端点:用鼠标指定阳台所在墙壁的另一个端点。

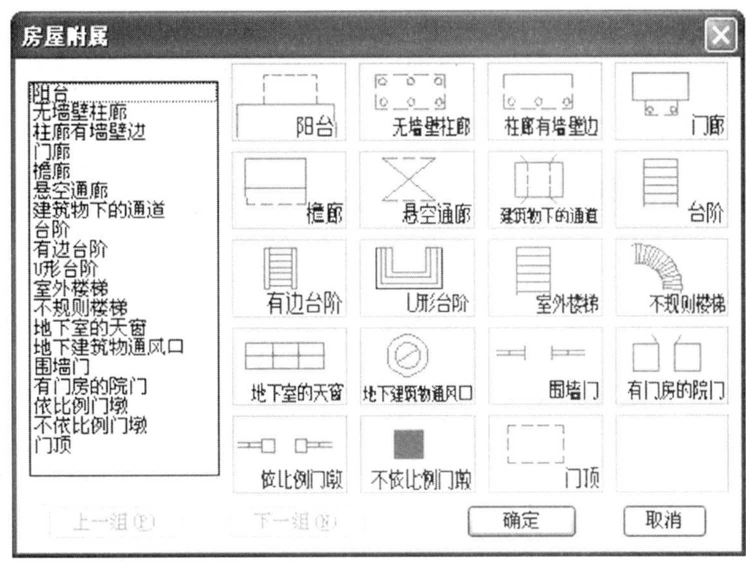

图 4-41 “房屋附属”对话框

请输入阳台一端与墙壁另一端点间的距离:系统根据此输入值确定阳台位置。

请输入阳台长度:用键盘输入阳台长度,也可以用鼠标指定。

请输入阳台宽度:用键盘输入阳台宽度,也可以用鼠标指定。

选(3)后的操作与下拉菜单“工具→画复合线”的操作相同,命令行提示:

第一点:

输入点:用鼠标指定或用键盘输入坐标,确定阳台第一点。

指定点:

输入点:用鼠标指定或用键盘输入坐标,确定阳台第二点。

闭合 C/隔一闭合 G/隔一点 J/微导线 A/曲线 Q/边长交会 B/回退 U/ <指定点>,按“多点房屋类”等多功能复合线相同的操作方法确定阳台其他点。

如能测到阳台两个外端点,可采用第一种方法;否则只能用皮尺量算,采用第二种方法;如果阳台不规则可选第三种方法。

(五)独立地物

用鼠标点取屏幕菜单下的“独立地物”菜单项后,会弹出二级菜单,二级菜单有矿山开采、工业设施、农业设施、科文卫体、公共设施、碑塑墩亭、文物宗教、其他设施等菜单,如图 4-42 所示。点击“公共设施”菜单后会弹出“公共设施”对话框,如图 4-43 所示。

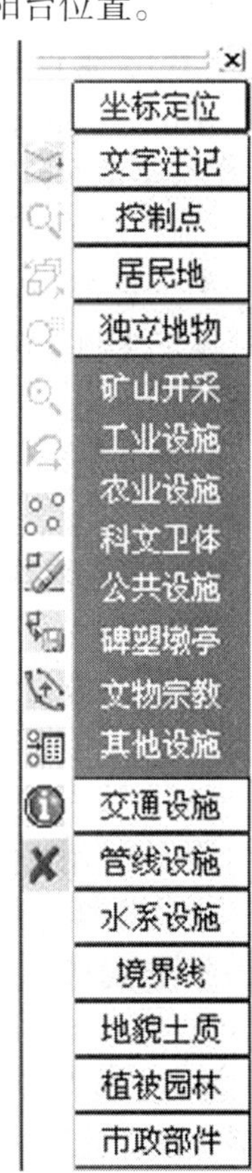

图 4-42 “独立地物”二级菜单

具体操作方法可分为如下两种情况:

(1)面状独立地物。面状独立地物的绘制与多点房屋和四点房屋的绘制步骤相同。

(2)点状独立地物。选取点状独立地物的图式符号后,用鼠标给定其定位点(给定的定位点是该点状符号的定位点)。地物符号有时会随鼠标的移动而旋转，此时单击鼠标左键确定其方位即可。

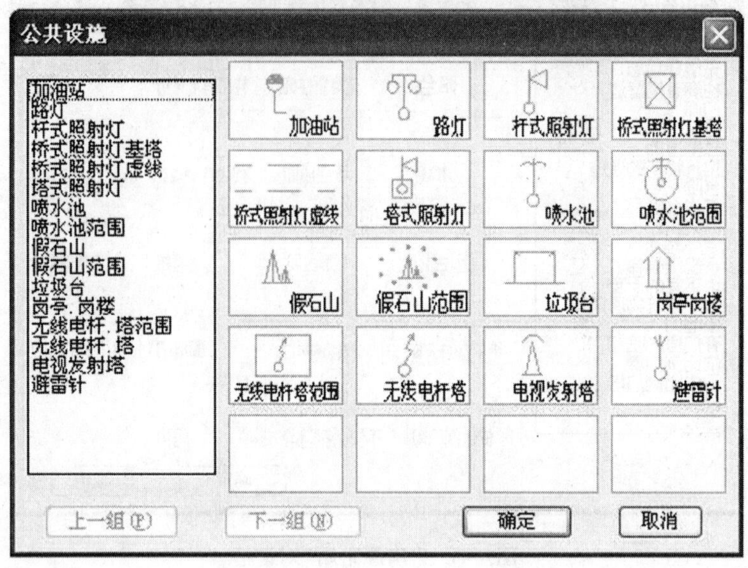

图 4-43 “公共设施”对话框

（六）交通设施

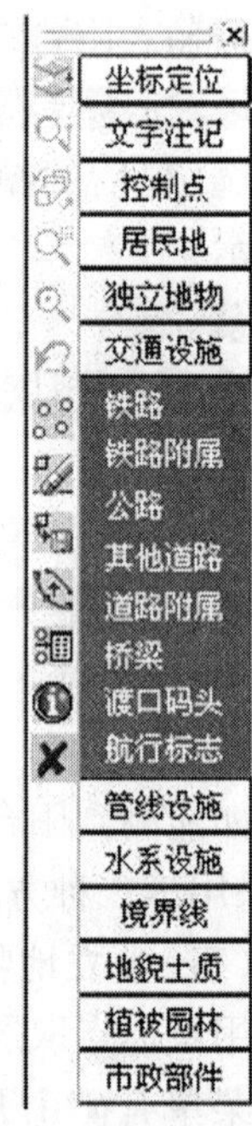

图 4-44 “交通设施”二级菜单

用鼠标点取屏幕菜单下的“交通设施”菜单项后，会弹出二级菜单，二级菜单有铁路、铁路附属、公路、其他道路、道路附属、桥梁、渡口码头、航行标志等菜单，如图 4-44 所示。点击“公路”菜单后会弹出“公路”对话框，如图 4-45 所示。

交互绘制道路及附属设施符号，下面分别介绍不同交通设施的绘制方法：

1. 两边平行的道路，如平行高速公路、平行等级公路、平行等外公路等

用鼠标选取这类符号后单击“确定”按钮，命令行提示：

第一点：

输入点：按提示用鼠标指定或用键盘输入坐标，以确定道路的第一点。

指定点：

输入点：用鼠标指定或用键盘输入坐标，确定道路的第二点。

闭合 C/隔一闭合 G/隔一点 J/微导线 A/曲线 Q/边长交会 B/回退 U/ <指定点>：根据需要选择某一选项进行操作，按提示输入其他点，不再输入点时回车，确定道路的一条边线。

拟合线 <N>？当确定道路的一条边后，将出现这一提示，如不需拟合，直接回车即可，如需要拟合，键入 Y 然后回车。

1. 边点式/2. 边宽式 <1>：如选 1，用户需用鼠标点取道路另一边任一点；如选 2，用户需输入道路的宽度以确定道路的另一边。选 2 后按以下提示操作。

请给出路的宽度(m)：< +/左，-/右 >：输入道路的宽度。如另一边在已知边的左侧，

则宽度值为正，反之为负。

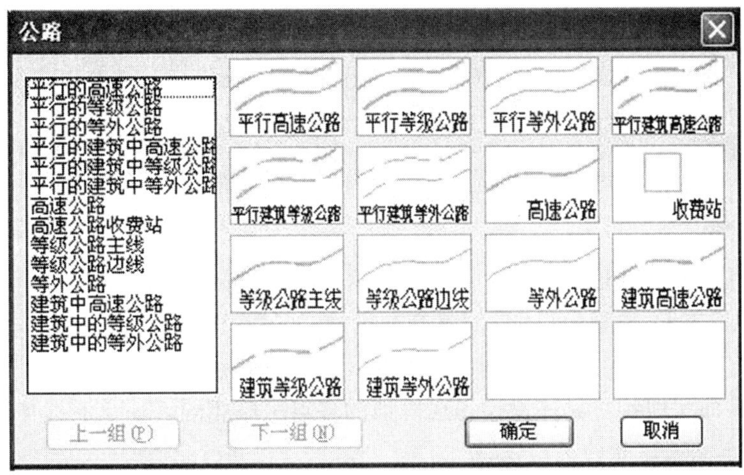

图 4-45 “公路”对话框

2. 只画一条线的道路，如铁路、高速公路等

所有的单线道路和某些双线道路只需画一条线即可确定其位置和形状。用鼠标选取这类符号后单击“确定”按钮，命令行提示：

第一点：

输入点：按提示用鼠标指定或用键盘输入坐标，以确定道路的第一点。

指定点：

输入点：用鼠标指定或用键盘输入坐标，确定道路的第二点。

闭合 C/隔一闭合 G/隔一点 J/微导线 A/曲线 Q/边长交会 B/回退 U/<指定点>：根据需要选择某一选项进行操作，按提示输入其他点，不再输入点时回车。

拟合线<N>？如不需拟合，直接回车即可，如需要拟合，键入 Y 然后回车。

3. 只需输入一点的交通设施

各种点状交通设施如路灯、水塔、汽车站等均属此类，用鼠标选取这类符号后单击“确定”按钮，命令行提示：

输入点：

输入点后有些地物符号会随着鼠标的移动旋转，此时移动鼠标确定其方向后单击鼠标右键或按回车键即可。

4. 需输入两点的交通设施

有些地物需输入起点和端点以确定其位置及形状，如过河缆绳、电车轨道电杆等，用鼠标选取这类符号后单击“确定”按钮，命令行提示：

第一点：

输入点：用鼠标在图上点取点位或用键盘输入坐标，确定第一点。

第二点：

输入点：用鼠标在图上点取点位或用键盘输入坐标，确定第二点。

5. 面状交通设施

面状交通设施又可以分为以下几类：

(1)圆形面状交通设施,如转车盘。三点画圆法,用鼠标选取这类符号后单击"确定"按钮,命令行提示:

圆上第一点:

输入点:用鼠标在图上点取点位或用键盘输入坐标,输入第一点。

圆上第二点:

输入点:用鼠标在图上点取点位或用键盘输入坐标,输入第二点。

圆上第三点:

输入点:用鼠标在图上点取点位或用键盘输入坐标,输入第三点。

(2)规则(长方形、菱形)四边形面状交通设施,如站台雨棚。具体操作与居民地的四点房屋相同。

(3)不规则面状地物。具体操作与居民地的多点房屋相同。

6. 需输入三点或四点的交通设施

例如铁路桥、公路桥等。用鼠标选取这类符号后单击"确定"按钮,命令行提示:

第一点:

输入点:用鼠标在图上点取点位或用键盘输入坐标,输入第一边的一个端点。

第二点:

输入点:用鼠标在图上点取点位或用键盘输入坐标,输入第一边的另一个端点。

对面一点:

输入点:用鼠标在图上点取点位或用键盘输入坐标,输入另一边的一个端点,要求与第一边前两点构成顺时针或逆时针顺序。

对面另一点:(直接回车默认两边平行)。

输入点:输入另一边另一端点,如直接回车则默认两边是平行的,此时输入的第三个点可以不在对边上。

(七)管线设施

用鼠标点取屏幕菜单下的"管线设施"菜单项后,会弹出二级菜单,二级菜单有电力线、通信线(软件中为"通讯线")、管道、地下检修井、管道附属等菜单,如图 4-46 所示。点击"电力线"后会弹出"电力线"对话框,如图 4-47 所示。

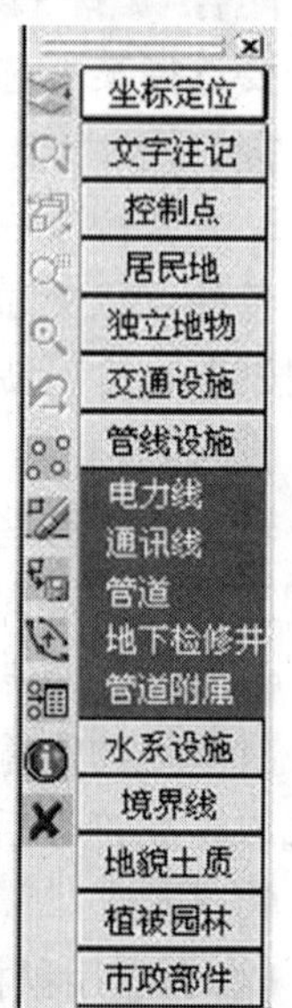

图 4-46 "管线设施"二级菜单

1. 点状管线设施

在输入点状管线设施时只需用鼠标指定该地物的定位点或用键盘输入坐标即可。输入点后有些地物符号会随着鼠标的移动旋转,此时移动鼠标确定其方向后回车即可。

2. 线状管线设施

线状管线设施的绘制方法与多功能复合线的绘制相同。有些线状管线设施只需两点(起点和端点)即可确定其位置;有些管线设施在输完点以后系统会提问"拟合 <N>?",输入 Y 进行拟合,如不需拟合,单击鼠标右键或直接回车。

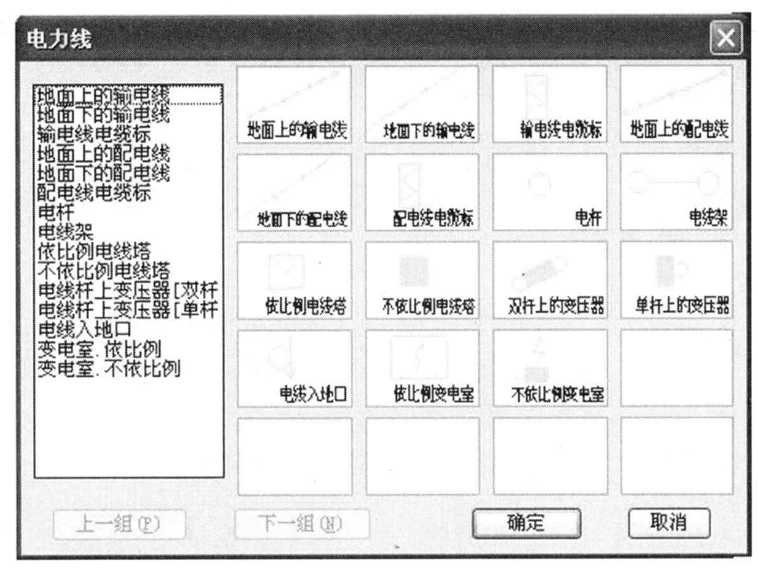

图 4-47 “电力线”对话框

(八)水系设施

用鼠标点取屏幕菜单下的“水系设施”菜单项后,会弹出二级菜单,二级菜单有河流溪流、湖泊池塘、沟渠、水利设施、陆地要素、海洋要素、礁石等菜单,如图 4-48 所示。点击“河流溪流”菜单后会弹出“河流溪流”对话框,如图 4-49 所示。

图 4-48 “水系设施”二级菜单

1. 点状或特殊水系设施

(1)单点式。地下灌渠出水口、泉等都属于这种地物。绘制时只需用鼠标给定点位或用键盘输入坐标,若给定点位后地物符号随着鼠标的移动而旋转,待其旋转到合适的位置后单击鼠标右键或按回车键。有的点状地物需要输入高程,根据提示输入高程值即可。

(2)水闸。操作同交通设施的三点定位或四点定位。

(3)依比例水井。依提示输入圆上三点,用三点画圆的方法来确定依比例水井的位置和形状。

2. 线状水系设施的绘制

(1)无陡坎或陡坎方向确定的单线水系设施。绘制这类水系时只需根据提示依次输入水系的拐点,然后进行拟合或不拟合即可。

(2)陡坎方向不确定的单线水系设施。这类水系设施的绘制方法与第(1)种大致相同,只是需要确定陡坎的方向。

提示:请选择:(1)按右边画(2)按左边画 <1>:当输入 1 时干沟的一边向左边生成;当输入 2 时干沟的一边向右边生成。以后操作同上。

(3)示向箭头、涨潮、落潮。输入相应符号的定位点,接着移动鼠标时符号便动态地旋转,用鼠标使符号定位方向满足要求。

(4)有陡坎的双线水系设施。绘制这类水系设施时一般是先绘出其一边,绘制方法与第(2)种大致相同,只是需要确定陡坎方向,然后用不同的方法绘制另一边,例如坎式土堤,

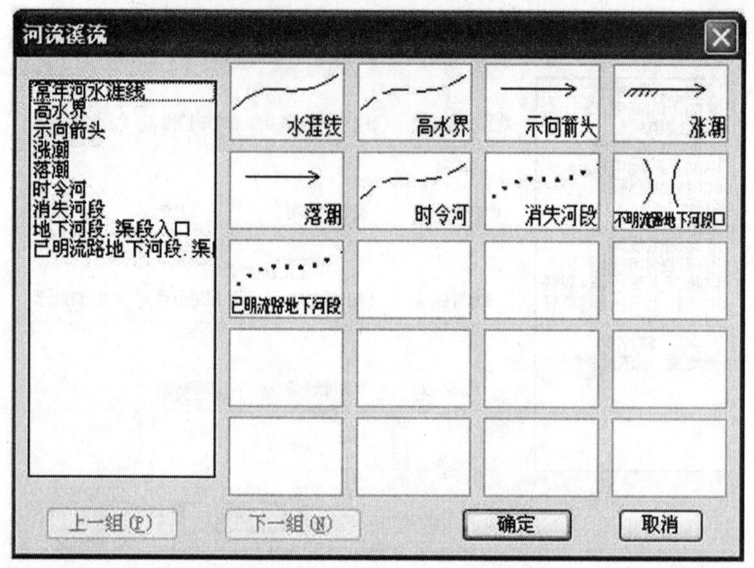

图4-49 “河流溪流”对话框

命令行提示：

请选择：(1)按右边画(2)按左边画 <1>：当选择(1)时坎式土堤的短线向左边生成；当输入(2)时坎式土堤的短线向右边生成。

以后操作同上，画完一边后回车，命令行提示：

请选择：(1)边点式(2)边宽式(3)不画另一边 <3>：选择是否绘制坎式土堤的另一边和绘制方法。选(1)时需给出对边上一点；选(2)时根据提示输入地物宽度；选(3)（缺省值）则不画另一边，即绘制的是陡坎方向不确定的单线水系设施。

(5)各种防洪墙。先绘出墙的一边，然后根据提示输入宽度以确定墙的另一边。

(6)输水槽。如果输水槽两边平行，给出一边的两端点及对边上任一点；如果输水槽两边不平行，需给出每一条边的两个点。

3. 面状水系设施

画出面状水系的边线，然后进行拟合或不拟合即可。具体操作请注意命令行提示。

(九)地貌土质

用鼠标点取屏幕菜单下的“地貌土质”菜单项后，会弹出二级菜单，二级菜单有等高线、高程点、崩塌残蚀、坡坎、其他地貌、土质等菜单，如图 4-50 所示。点击“坡坎”菜单后会弹出“坡坎”对话框，如图 4-51所示。

图 4-50 “地貌土质”二级菜单

1. 点状元素

绘制时只需用鼠标给定点位。若给定点位后地物符号随着鼠标的移动而旋转，待其旋转到合适的位置后单击鼠标右键或按回车键。

2. 线状元素

(1)无高程信息的线状地物（自然斜坡除外）。绘制这类地物时

图 4-51 “坡坎”对话框

只需根据提示依次输入地物的拐点,然后进行拟合或不拟合。

(2)有高程信息的线状地物。包括等高线和陡坎,绘制这类地物的方法与第(1)种大致相同,只是需要先行输入高程信息。以绘制等高线为例,命令行提示:

输入等值线高程:用键盘输入等高线高程值回车。

第一点:用鼠标在图上点取点位或用键盘输入坐标,输入等高线的第一个点。

指定点:(回车结束,C 闭合,U 回退),继续输入等高线上的其他点,或回车结束,选 C 闭合,选 U 回退。

(3)自然斜坡。通过画坡顶线和坡底线绘出斜坡,命令行提示:

请选择:(1)选择线(2)画线 <1>,选择 1 时(缺省值),将要求依次选择屏幕上已绘制的坡底线和坡顶线;选择 2 时,将要求依次给定坡底线定位点,输完后回车,系统提问坡底线是否要光滑,选择拟合或不拟合,然后继续依次给定坡顶线定位点,输完后回车,系统提问坡顶线是否要光滑,选择拟合或不拟合,回车后将画出坡底线和坡顶线及中间的短线,并提示:

坡向正确吗 <Yes>?如果正确,直接回车,按现有方向绘制中间的短线;如果不正确,键入 N 后回车,将改变方向绘制中间的短线。

3. 面状元素

面状元素包括盐碱地、沼泽地、草丘地、沙地、台田、龟裂地等地物。绘制这类地物时只要根据提示给出地块的各个拐点画出边界线,然后根据需要进行拟合或不拟合。

(十)植被园林

用鼠标点取屏幕菜单下的“植被园林”菜单项后,会弹出二级菜单,二级菜单有耕地、园地、林地、草地、其他植被、地类防火等菜单,如图 4-52 所示。点击“耕地”菜单后会弹出“耕地”对话框,如图 4-53

图 4-52 “植被园林”二级菜单

所示。

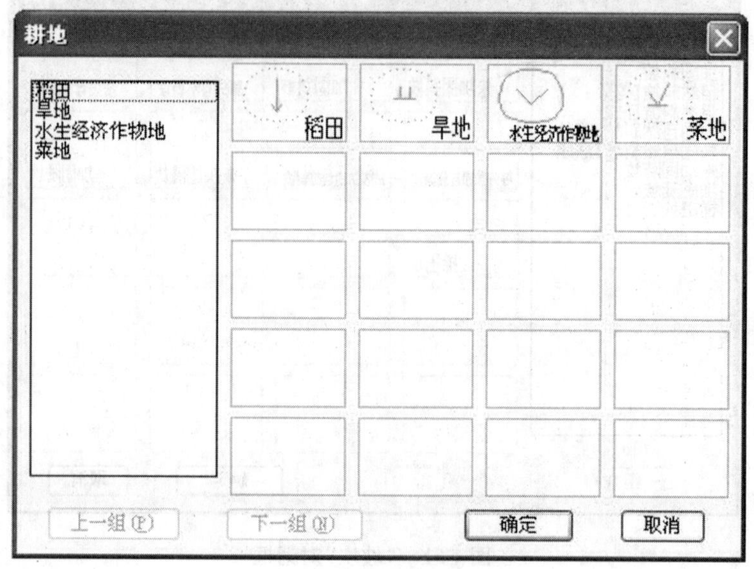

图 4-53 "耕地"对话框

1. 点状元素

点状元素包括各种独立树、散树。绘制时只需用鼠标给定点位或用键盘输入坐标即可。

2. 线状元素

线状元素包括地类界、行树、防火带、狭长竹林等。绘制时用鼠标给定各个拐点,然后根据需要进行拟合或不拟合。

3. 面状元素

面状元素包括各种耕地、园林、花圃等。绘制时按提示选择"绘制区域边界"的方法用鼠标画出其边界线,然后根据需要进行拟合或不拟合、选择保留或不保留边界,自动绘制出相应的植被符号。

(十一)境界线

交互绘制境界线符号,绘制时只需依次给定境界线的拐点即可,如果需要拟合,根据提示进行拟合。

(十二)市政部件

用鼠标点取屏幕菜单下的"市政部件"菜单项后,会弹出二级菜单,二级菜单有面状区域、公用设施、道路交通、市容环境、园林绿化、房屋土地、其他设施等菜单,如图 4-54 所示。点击"公用设施"菜单后会弹出"公用设施"对话框,如图 4-55 所示。

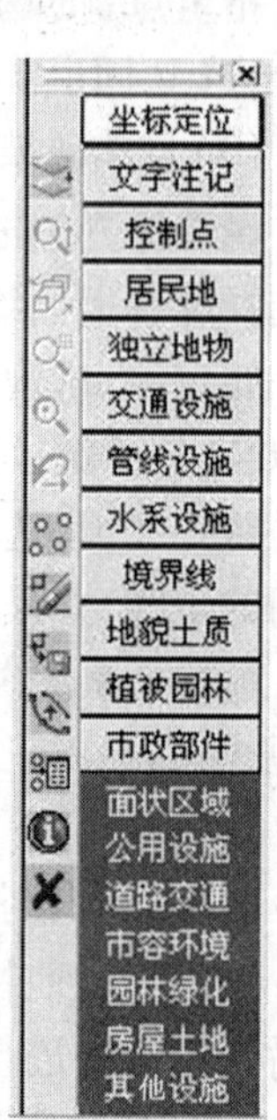

图 4-54 "市政部件"二级菜单

1. 点状元素

点状元素包括各种井盖、路灯。绘制时只需用鼠标给定点位或用键盘输入坐标即可。

2. 面状元素

面状元素包括界 - 街道办事处、社区、单元网格等。绘制时按提示给出地界的各个拐点画出边界线,自动绘制出相应的符号。

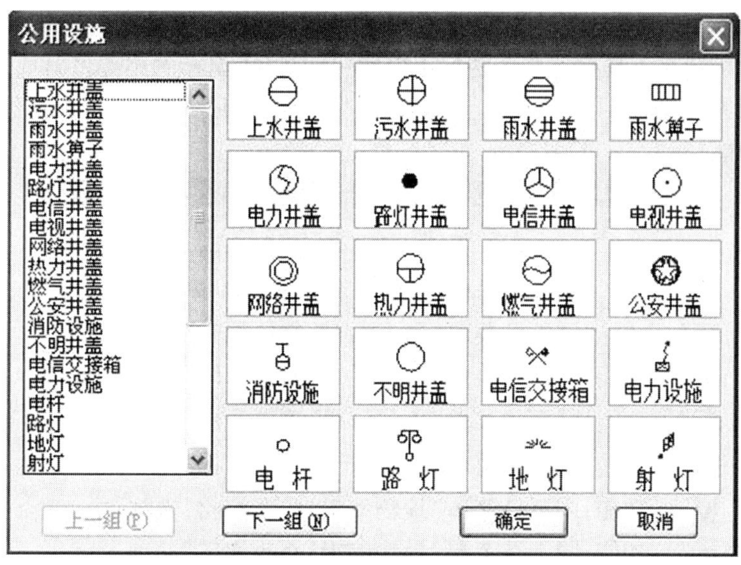

图 4-55 “公用设施”对话框

四、文件格式

数字化测图的内业处理涉及的数据文件较多。因此,进入 CASS7.0 成图系统后,将面临输入各种各样的文件名的情况,所以最好养成一套较好的命名习惯,以减少内业工作中不必要的麻烦。建议采用如下的命名约定。

(一)编码坐标文件

(1)由电子手簿传输到计算机中带简编码的坐标数据文件,建议采用 * JM. DAT 格式。

(2)由内业编码引导后生成的坐标数据文件,建议采用 * YD. DAT 格式。

(二)坐标数据文件

坐标数据文件指由全站仪或电子手簿传输到计算机的原始坐标数据文件的一种,建议采用 *. DAT 格式。

(三)引导文件

引导文件指由作业人员根据草图编辑的引导文件,建议采用 *. YD 格式。

(四)坐标点(界址点)坐标文件

坐标点(界址点)坐标文件是指由全站仪或电子手簿传输到计算机的原始坐标数据文件的一种,建议采用 *. DAT 格式。

(五)图形文件

凡是在 CASS7.0 绘图系统生成的图形文件,规定采用 *. DWG 格式。

五、CASS7.0 工具条的使用方法

当启动 CASS7.0 以后,可以看到在屏幕上部或左侧分别有一个工具条。其中,上部的工具条(标准工具栏)是 AutoCAD 本身就有的,它包含了 AutoCAD2004/AutoCAD2005/AutoCAD2006 的许多常用功能,如图层的设置、打开老图、图形存盘、重画屏幕等,有关 AutoCAD 工具条的使用方法请参考 AutoCAD 的有关书籍。CASS 实用工具条则是 CASS7.0 所特有

的,它具有 CASS7.0 一些较常用的功能,如查看实体编码、加入实体编码、查询坐标、注记文字等。当鼠标指针在工具栏的某个图标上停留一两秒钟,鼠标的尾部将出现该图标的说明,鼠标移动将消失,此功能叫在线提示。图 4-56 为 CASS 实用工具栏,下面详细说明 CASS 实用工具栏的功能。

图 4-56 CASS 实用工具栏

(1)图标“”。功能:同下拉菜单“数据\查看实体编码”选项。

(2)图标“”。功能:同下拉菜单“数据\加入实体编码”选项。

(3)图标“重”。功能:同下拉菜单“地物编辑\重新生成”选项。

(4)图标“”。功能:同下拉菜单“编辑\批量选取目标”选项。

(5)图标“”。功能:同下拉菜单“地物编辑\线型换向”选项。

(6)图标“”。功能:同下拉菜单“地物编辑\修改坎高”选项。

(7)图标“”。功能:同下拉菜单“工程应用\查询指定点坐标”选项。

(8)图标“”。功能:同下拉菜单“工程应用\查询距离与方位角”选项。

(9)图标“注”。功能:同右侧屏幕菜单“文字注记”。

(10)图标“”。功能:根据提示“画多点房屋”。

(11)图标“”。功能:根据提示“画四点房屋”。

(12)图标“”。功能:根据提示“画依比例围墙”。

(13)图标“”。功能:根据提示画各种类型的陡坎。

(14)图标“”。功能:根据提示画各种斜坡、等分楼梯。

(15)图标“.91”。功能:通过键盘进行交互展点。

(16)图标“”。功能:展绘图根点。

(17)图标“”。功能:根据提示绘制电力线。

(18)图标“”。功能:根据提示绘制各种道路。

第四节 用数字化成图软件 CASS7.0 绘制地形图

按草图法数字测记模式在野外采集了数据后,经过数据通信将全站仪内存的数据传输到计算机,生成符合 CASS 数字化成图软件格式的数据文件,就可以用 CASS7.0 成图软件在室内绘制地形图了。

CASS7.0 成图的作业方法有“点号定位”“坐标定位”“编码引导”等几种方法。绘图员根据野外绘制的草图,选择这几种方法之一,逐点将各地形要素一一绘制出来。本节以 CASS7.0 本身提供的演示数据文件 STUDY.DAT、YMSJ.DAT、WMSJ.DAT、DGX.DAT 为例介绍“点号定位”和“坐标定位”两种成图方法的作业过程,演示数据文件路径为 C:\Program Files\CASS70\DEMO(以安装在 C 盘为例)。

一、点号定位法成图

点号定位法绘制地形图的作业流程如图 4-57 所示。

(一)定显示区

定显示区的作用就是通过给定的坐标数据文件中的坐标值定出绘图区的大小,以保证所有的点都可见。

用鼠标左键单击如图 4-58 所示的"绘图处理\定显示区"选项,即弹出"输入坐标数据文件名"对话框,如图 4-59 所示。按要求输入测量区域的野外坐标数据文件,本例选择 C:\Program Files\CASS70\DEMO 目录下的 STUDY. DAT 文件,在"文件名(N):",即光标闪烁处输入 STUDY,或用鼠标选取,再移动鼠标至"打开(O)"处,单击左键。这时,计算机自动求出该测区的最大、最小坐标,命令区显示:

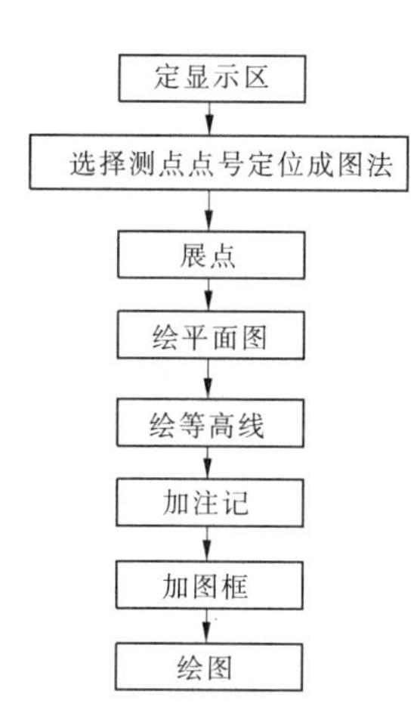

图 4-57　点号定位法作业流程

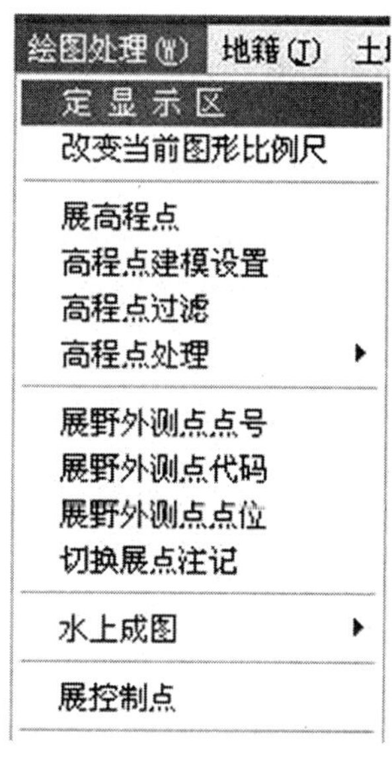

图 4-58　"定显示区"菜单

最小坐标(米):X = 31056. 221,Y = 53097. 691;

最大坐标(米):X = 31237. 455,Y = 53286. 090。

(二)选择测点点号定位成图法

用鼠标在屏幕菜单上选择"点号定位"项,出现图 4-26 所示的"选择点号对应的坐标点数据文件名"对话框。

选择坐标数据文件的路径,在"文件名(N):"处输入坐标数据文件名 STUDY 后,单击"打开(O)"按钮,命令区提示:

读点完成! 共读入 106 个点。

(三)展点

用鼠标点击如图 4-60 所示的"绘图处理\展野外测点点号"选项,即弹出"输入坐标数据文件名"对话框,如图 4-59 所示。

在"文件名(N):"处输入对应的坐标数据文件名 STUDY 后,单击"打开(O)"按钮,便

图 4-59 “输入坐标数据文件名”对话框

可以在屏幕上展出野外测点的点号,如图 4-61所示。

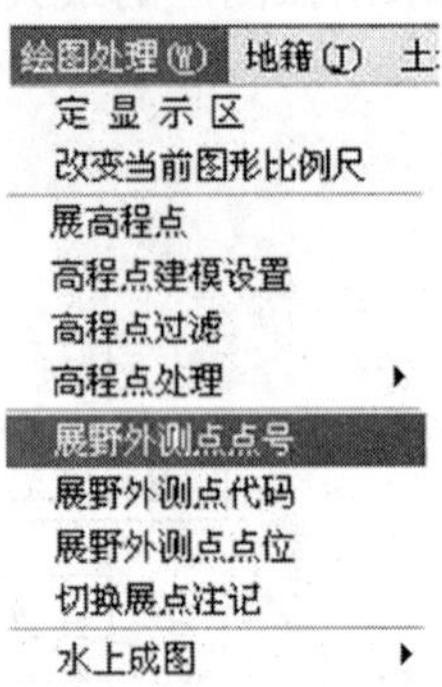

图 4-60 “绘图处理\展野外测点点号”菜单

(四)绘平面图

绘平面图时可以灵活使用工具栏中的缩放工具进行局部放大或缩小,以方便绘图。先把左上角放大,选择右侧屏幕菜单的“交通设施\公路”选项,弹出如图 4-45 的对话框。

找到“平行等外公路”并选中,再单击“确定”,命令区提示:

绘图比例尺 1:<500>,回车(默认 1:500)。

鼠标定点 P/<点号>,输入 92,回车。

鼠标定点 P/<点号>,输入 45,回车。

闭合 C/隔一闭合 G/隔一点 J/微导线 A/曲线 Q/边长交会 B/回退 U/点 P/<点号>,输入 46,回车。

闭合 C/隔一闭合 G/隔一点 J/微导线 A/曲线 Q/边长交会 B/回退 U/点 P/<点号>,输入 13,回车。

闭合 C/隔一闭合 G/隔一点 J/微导线 A/曲线 Q/边长交会 B/回退 U/点 P/<点号>,输入 47,回车。

闭合 C/隔一闭合 G/隔一点 J/微导线 A/曲线 Q/边长交会 B/回退 U/点 P/<点号>,输入 48,回车。

闭合 C/隔一闭合 G/隔一点 J/微导线 A/曲线 Q/边长交会 B/回退 U/点 P/<点号>,回车,结束公路一边的绘制。

拟合线<N>?,输入 Y,回车。该边将拟合成光滑曲线;输入 N(缺省为 N),则不拟合该线。

1. 边点式/2. 边宽式<1>:,回车(默认 1)。选择 1(缺省为 1),将要求输入公路对边上的一个测点;选 2,要求输入公路宽度。

对面一点。

鼠标定点 P/<点号>,输入 19,回车。

这时平行等外公路就画好了。如图 4-62 所示。

用鼠标点取屏幕菜单下的“独立地物\公共设施”选项,会弹出“公共设施”对话框,如图 4-43所示。选取“路灯”,再单击“确定”按钮,命令区提示:

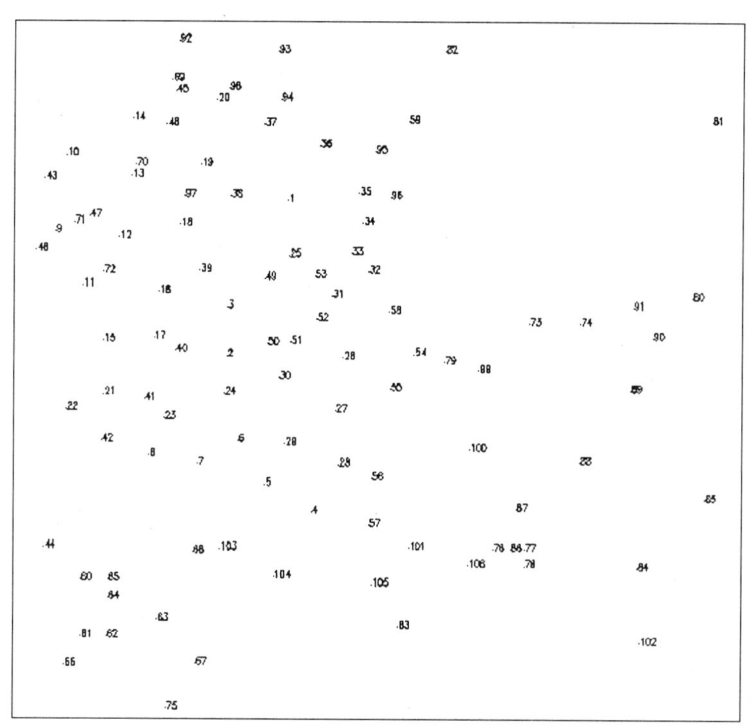

图 4-61　STUDY. DAT 展点图

鼠标定点 P/ <点号>，输入 69，回车，在公路旁绘制一盏路灯。

直接回车重复刚才的命令，命令区提示：

DD。

输入地物编码：<155210>，回车，默认刚才的绘图编码。命令区提示：

鼠标定点 P/ <点号>，输入 70，回车，在公路旁又绘制一盏路灯。

类似以上操作，用 71、72、97、98 分别继续绘制路灯。

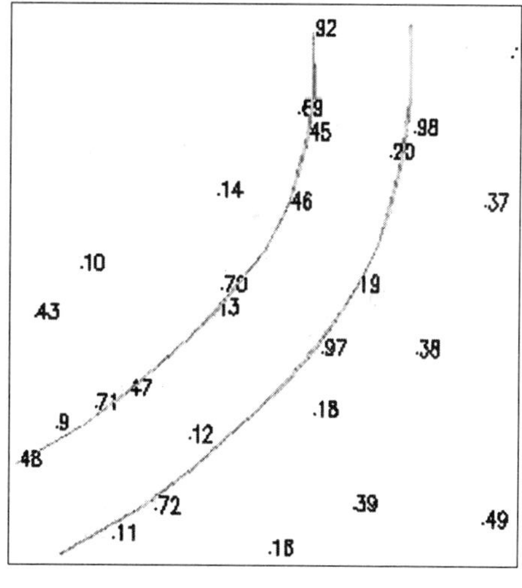

图 4-62　平行等外公路

下面作一个多点房屋。用鼠标点取屏幕菜单下的“居民地\一般房屋”选项，会弹出“一般房屋”对话框，如图 4-37 所示。选取“多点混凝土房屋”，再单击“确定”按钮，命令区提示：

第一点：

鼠标定点 P/ <点号>，输入 49，回车。

指定点：

鼠标定点 P/ <点号>，输入 50，回车。

闭合 C/隔一闭合 G/隔一点 J/微导线 A/曲线 Q/边长交会 B/回退 U/点 P/ <点号>，输入 51，回车。

闭合 C/隔一闭合 G/隔一点 J/微导线 A/曲线 Q/边长交会 B/回退 U/点 P/ <点号>，

输入 J,回车。

鼠标定点 P/ <点号>,输入 52,回车。

闭合 C/隔一闭合 G/隔一点 J/微导线 A/曲线 Q/边长交会 B/回退 U/点 P/ <点号>,输入 53,回车。

闭合 C/隔一闭合 G/隔一点 J/微导线 A/曲线 Q/边长交会 B/回退 U/点 P/ <点号>,输入 C,回车。

输入层数:<1>,默认输入 1 层,回车结束,完成一栋多点混凝土房屋的绘制。

再作一个多点混凝土房,熟悉一下操作过程。直接回车重复刚才的命令,命令区提示:

DD。

输入地物编码:<141111>,回车,默认刚才的绘图编码。

第一点:

鼠标定点 P/ <点号>,输入 60,回车。

指定点:

鼠标定点 P/ <点号>,输入 61,回车。

闭合 C/隔一闭合 G/隔一点 J/微导线 A/曲线 Q/边长交会 B/回退 U/点 P/ <点号>,输入 62,回车。

闭合 C/隔一闭合 G/隔一点 J/微导线 A/曲线 Q/边长交会 B/回退 U/点 P/ <点号>,输入 A,回车。

微导线—键盘输入角度(K)/ <指定方向点(只确定平行和垂直方向)>,用鼠标左键在 62 点上侧垂直方向附近一定距离处单击一下。

距离 <m>:输入 4.5,回车。

闭合 C/隔一闭合 G/隔一点 J/微导线 A/曲线 Q/边长交会 B/回退 U/点 P/ <点号>,输入 63,回车。

闭合 C/隔一闭合 G/隔一点 J/微导线 A/曲线 Q/边长交会 B/回退 U/点 P/ <点号>,输入 J,回车。

鼠标定点 P/ <点号>,输入 64,回车。

闭合 C/隔一闭合 G/隔一点 J/微导线 A/曲线 Q/边长交会 B/回退 U/点 P/ <点号>,输入 65,回车。

闭合 C/隔一闭合 G/隔一点 J/微导线 A/曲线 Q/边长交会 B/回退 U/点 P/ <点号>,输入 C,回车。

输入层数:<1>,输入 2,回车结束,完成一栋 2 层多点混凝土房屋的绘制。

两栋房子"建"好后,效果如图 4-63 所示。

用鼠标点取屏幕菜单下的"地貌土质\坡坎"选项,会弹出"坡坎"对话框,如图 4-51 所示。选取"未加固陡坎",再单击"确定"按钮,命令区提示:

输入坎高:(米) <1.000>,回车,默认坎高为 1 m。

鼠标定点 P/ <点号>,输入 54,回车。

指定点:

鼠标定点 P/ <点号>,输入 55,回车。

闭合 C/隔一闭合 G/隔一点 J/微导线 A/曲线 Q/边长交会 B/回退 U/点 P/ <点号>,

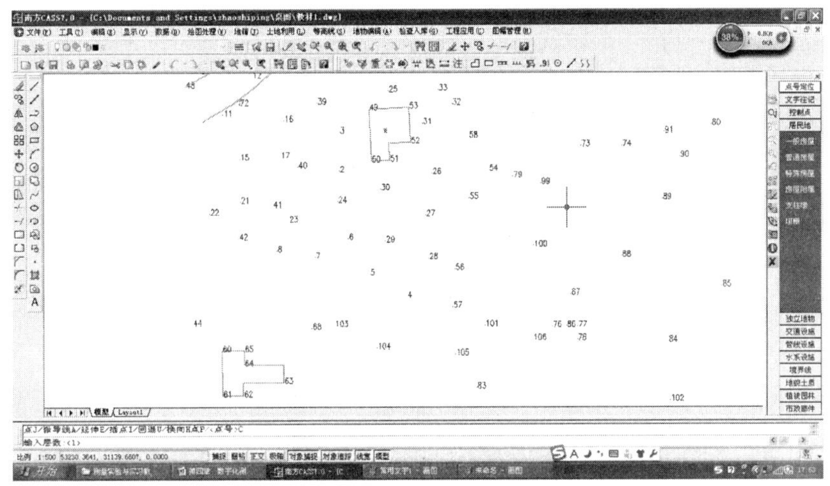

图 4-63 “建”好两栋房子

输入 56，回车。

闭合 C/隔一闭合 G/隔一点 J/微导线 A/曲线 Q/边长交会 B/回退 U/点 P/<点号>，输入 57，回车。

闭合 C/隔一闭合 G/隔一点 J/微导线 A/曲线 Q/边长交会 B/回退 U/点 P/<点号>，回车，结束陡坎的初步绘制。

拟合线<N>?，输入 Y，回车。将未加固陡坎拟合成光滑曲线。

类似以上操作，分别利用右侧屏幕菜单绘制其他地物。

在“居民地”菜单中，用 3、39、16 三点完成利用已知三点绘制两层砖结构的四点砖房屋；用 68、67、66 绘制墙宽 0.5 m 不拟合的依比例围墙；用 76、77、78 绘制四点棚房。

在“交通设施”菜单中，用 86、87、88、89、90、91 绘制拟合的小路；用 103、104、105、106 绘制拟合的不依比例乡村路。

在“独立地物”菜单中，用 73、74 绘制宣传橱窗，用 59 绘制不依比例肥气室。

在“土质地貌”菜单中，用 93、94、95、96 绘制不拟合的坎高为 1 m 的加固陡坎。

在“水系设施”菜单中，用 79 绘制水井。

在“管线设施”菜单中，用 75、83、84、85 绘制地面上输电线。

在“植被园林”菜单中，用 99、100、101、102 分别绘制果树独立树；用 58、80、81、82 按绘制边界的方法绘制菜地（第 82 号点之后仍要求输入点号时回车），要求边界不拟合，并保留边界。

在“控制点”菜单中，用 1、2、4 分别生成埋石图根点，在提问点名、等级时分别输入 D121、D123、D135。

用鼠标点取下拉菜单“编辑\删除\实体所在图层”选项，鼠标符号变成了一个小方框，用左键点取任何一个点号的数字注记，所展点的注记将被删除。平面图作好后效果如图 4-64 所示。

（五）绘等高线

1. 展高程点

用鼠标单击如图 4-60 所示的“绘图处理\展高程点”选项，即弹出“输入坐标数据文件

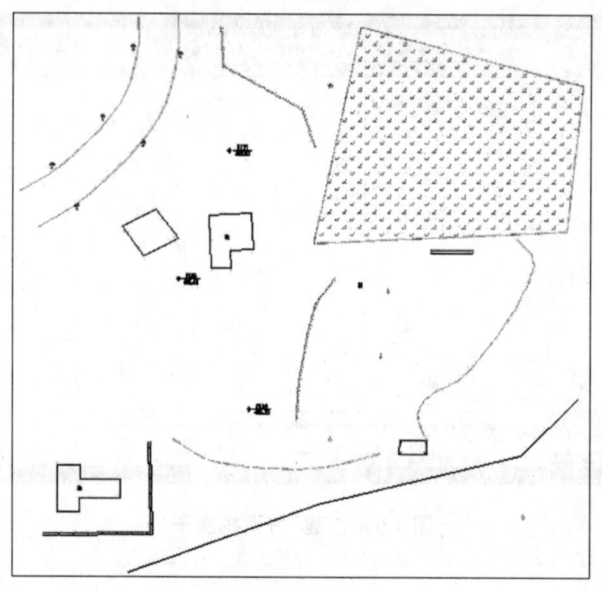

图 4-64　STUDY 的平面图

名”对话框，如图 4-59 所示。在“文件名(N)：”处输入对应的坐标数据文件名 STUDY 后，单击“打开(O)”按钮，或用鼠标找到 C：\ Program Files\CASS70\DEMO\STUDY. DAT 文件后双击，命令区提示：

注记高程点的距离(米)：直接回车，便可在屏幕上展出野外测有高程的点。

2. 建立 DTM

如图 4-65 所示，用鼠标左键点取“等高线\建立 DTM”选项，即弹出“建立 DTM”对话框，如图 4-66 所示。

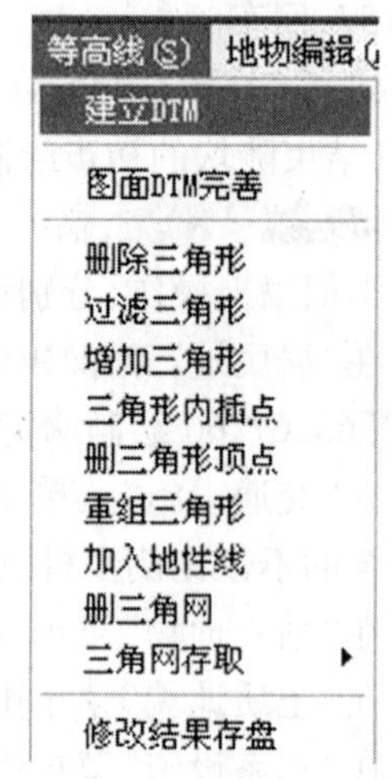

图 4-65　等高线下拉菜单

首先选择建立 DTM 的方式，分为两种：由数据文件生成和由图面高程点生成。如果选择由数据文件生成，则在坐标数据文件名中选择坐标数据文件；如果选择由图面高程点生成，则在绘图区选择参加建立 DTM 的高程点。然后选择结果显示，分为三种：显示建三角网结果、显示建三角网过程和不显示三角网。最后选择在建立 DTM 的过程中是否考虑陡坎和地性线。

此处选择由数据文件生成 DTM，在坐标数据文件名处给出坐标数据文件的路径，即 C：\Program Files\CASS70\DEMO\STUDY. DAT，在结果显示栏选择“显示建三角网结果”，在建模过程不考虑陡坎和地性线，输入完成后，单击“确定”按钮即可生成 DTM 三角网。

这样左部区域的点连接成三角网，其他点在 STUDY. DAT 数据文件里高程为 0，故不参与建立三角网。如图 4-67 所示。

3. 绘等高线

用鼠标选择“等高线\绘制等值线”选项，弹出如图 4-68 所示对话框。

对话框中会显示参加生成 DTM 高程点的最小高程和最大高程。如果只生成单条等高线，那么就在单条等高线高程中输入此条等高线的高程；如果生成多条等高线，则在等高距

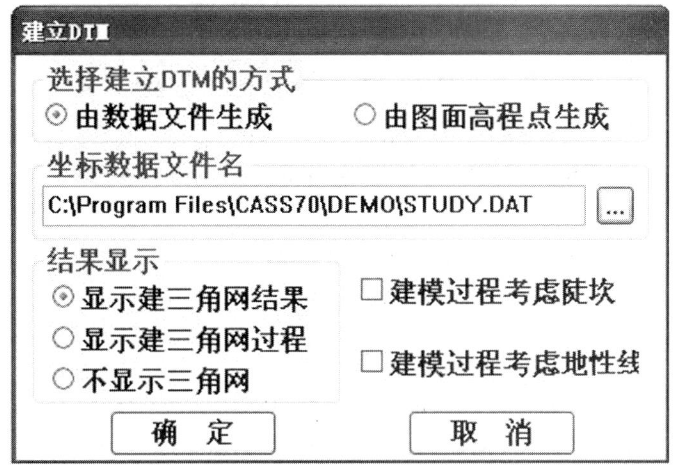

图 4-66 “建立 DTM”对话框

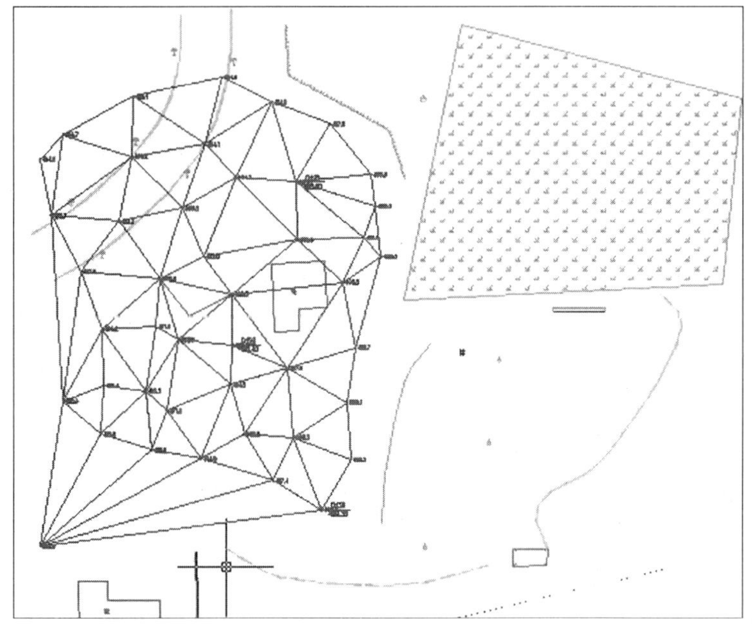

图 4-67 建立 DTM

框中输入相邻两条等高线之间的等高距。

最后选择等高线的拟合方式，总共有四种拟合方式：不拟合（折线）、张力样条拟合、三次 B 样条拟合、SPLINE 拟合。观察等高线效果时，可输入较大等高距并选择不光滑。如选择拟合方法 2，则拟合步距以 2 m 为宜，但这时生成的等高线数据量较大，速度会稍慢。测点较密或等高线较密时，最好选择光滑方法 3。选择 4 则用标准 SPLINE 样条曲线来绘制等高线，提示：请输入样条曲线容差：<0.0>，容差是曲线偏离理论点的容许差值，可直接回车。

当命令区显示：绘制完成！，便完成绘制等高线的工作，如图 4-69 所示。

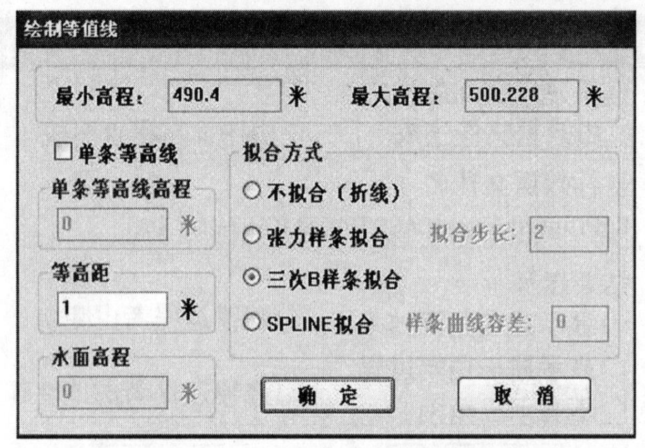

图 4-68　“绘制等值线”对话框

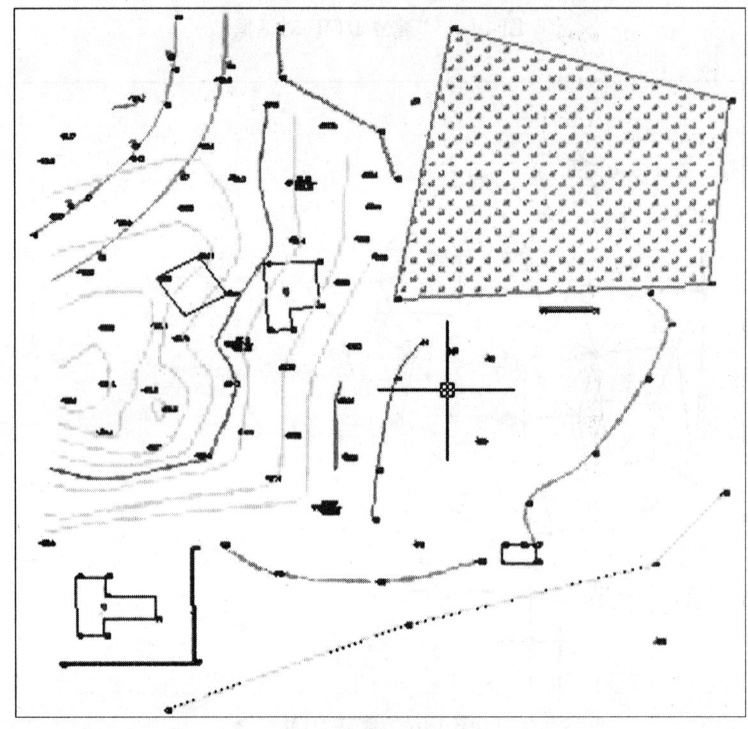

图 4-69　绘好的等高线图

4. 等高线的修剪

1) 批量修剪等高线

用鼠标选择“等高线\等高线修剪\批量修剪等高线”选项，弹出如图 4-70 所示对话框。

首先选择是消隐还是修剪等高线，然后选择是整图处理还是手工选择需要修剪的等高线，最后选择地物和注记符号，单击“确定”按钮后根据输入的条件修剪等高线。

2) 切除指定二线间等高线

用鼠标选择“等高线\等高线修剪\切除指定二线间等高线”选项，命令区提示：

选择第一条线:用鼠标指定一条线，例如选择公路的一边。

选择第二条线:用鼠标指定第二条线，例如选择公路的另一边。

程序将自动切除等高线穿过此二线间的部分。

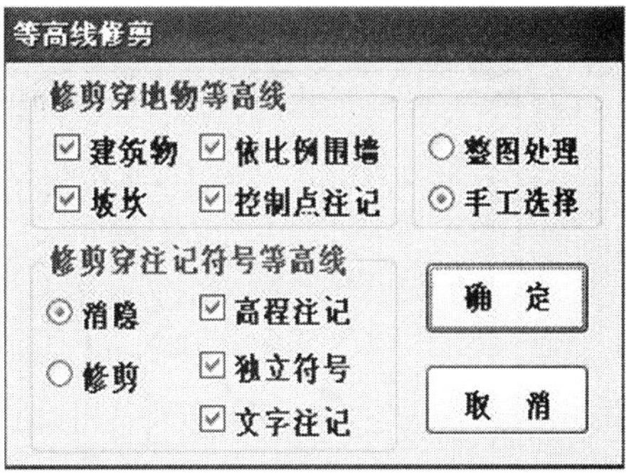

图 4-70 “等高线修剪”对话框

（六）加注记

在平行等外公路上加“经纬路”三个字。

用鼠标左键单击屏幕菜单的“文字注记\注记文字”选项，弹出如图 4-29 所示对话框。

填写注记内容，选择图面文字大小，默认为字高 3 mm，选择注记的排列方式、注记类型，单击“确定”按钮，命令区提示：

请输入注记位置（中心点）：在平行等外公路两线之间的合适位置单击鼠标左键，完成文字注记。同样的方法可以完成其他注记工作。

（七）加图框

用鼠标左键单击“绘图处理/标准图幅（50 × 40）”选项，弹出如图 4-71 所示对话框。在“图名”栏里，输入“建设新村”，在“测量员”“绘图员”“检查员”各栏里分别输入“张三”“李四”“王五”，在“左下角坐标”的“东”“北”栏内分别输入“53070”“31050”，在“删除图框外实体”栏打钩，去除“不取整，四角坐标与注记可能不符”栏前的钩，然后点击“确认”按钮，这样这幅图就作好了，如图 4-72 所示。

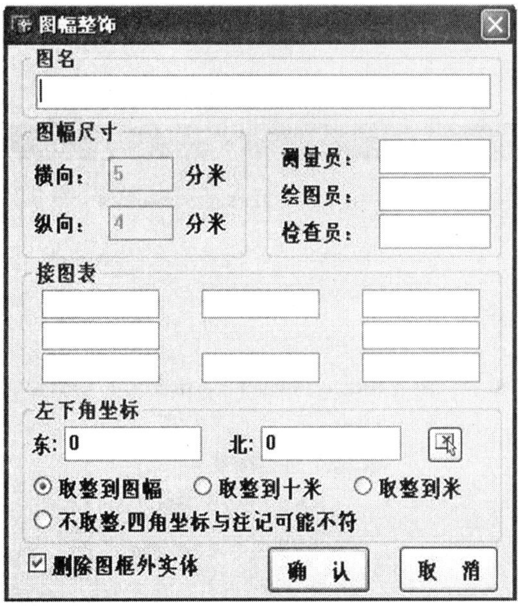

图 4-71 “图幅整饰”对话框

（八）绘图

选取“文件\绘图输出\打印…”选项，弹出如图 4-73 所示的“打印”设置对话框。

在对话框中选好图纸尺寸、图纸方向后，用鼠标左键单击“窗选”按钮，用鼠标圈定绘图范围。将“打印比例”一项选为“2∶1”，表示满足 1∶500 比例尺的打印要求，通过“部分预览”和“全部预览”可以查看出图效果，满意后就可以单击“确定”按钮进行绘图了。

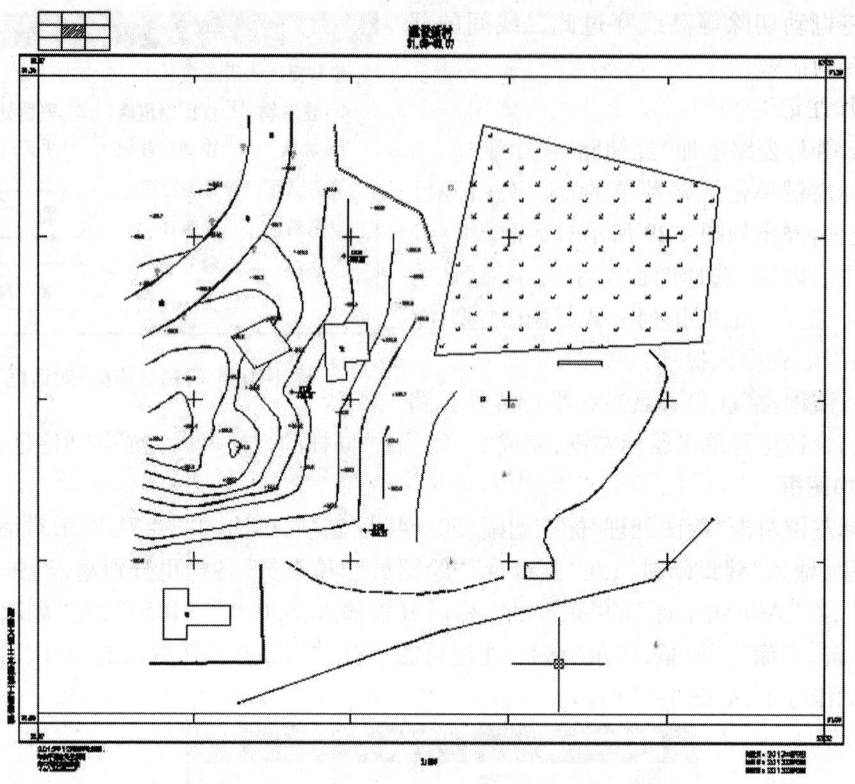

图 4-72　加图框后的地形图

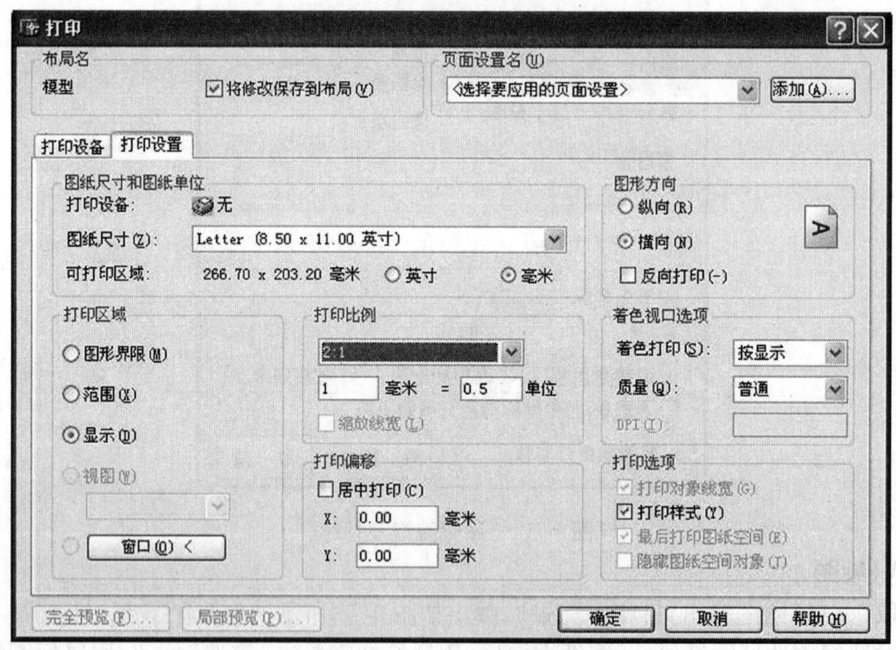

图 4-73　“打印”设置对话框

(九)注意事项

(1)千万别忘了存盘,在操作过程中也要经常存盘,以防操作不慎导致文件丢失。

(2)在执行各项命令时,每一步都要注意看下面命令区的提示,当出现“命令:”提示时,要求输入新的命令,出现“选择对象:”提示时,要求选择实体对象,等等。

当一个命令没有执行完时最好不要执行另一个命令,若要强行终止,可按键盘左上角的 Esc 键或按 Ctrl 键的同时按下 C 键,直到出现“命令:”提示为止。

(3)在作图的过程中,要常常用到一些编辑功能,例如删除、移动、复制、回退等。

(4)有些命令有多种执行途径,可根据自己的喜好灵活选用快捷工具按钮、下拉菜单或在命令区输入命令。

二、坐标定位法成图

(一)定显示区

此步操作与“点号定位”法作业流程的“定显示区”的操作相同,即用鼠标左键单击“绘图处理\定显示区”选项,按提示完成“定显示区”的操作。

(二)选择坐标定位成图法

用鼠标单击屏幕菜单的“坐标定位”菜单,将弹出二级菜单,如图 4-25 所示。用鼠标单击该二级菜单的“坐标定位”按钮,即进入坐标定位成图法。

(三)绘平面图

与“点号定位”法成图流程类似,需先在屏幕上展点,根据外业草图,选择相应的地图图式符号在屏幕上将平面图绘制出来,区别在于“点号定位”法是通过键盘输入测点点号进行定位的,而“坐标定位”法是通过鼠标在图面上捕捉测点或用键盘输入测点坐标进行定位的。

以绘制居民地为例,说明“坐标定位”法与“点号定位”法的区别。

用鼠标点取屏幕菜单下的“居民地”菜单项后,会弹出二级菜单,如图 4-36 所示。点击一般房屋菜单后会弹出“一般房屋”对话框,如图 4-37 所示。

移动鼠标到“四点房屋”的图标处单击左键,图标变亮表示该图标已被选中,然后单击“确定”按钮,命令区提示:

绘图比例尺 1:<500>,回车(默认 1:500)。

1.已知三点/2.已知两点及宽度/3.已知四点<1>:输入 1,回车(或直接回车默认选 1)。

输入点:移动鼠标到底部的状态提示区,将鼠标指针指向“对象捕捉”按钮,单击右键将弹出二级菜单,选择“设置”菜单,将弹出“草图设置”对话框,如图 4-74 所示。单击“对象捕捉”选项卡,在“启用对象捕捉(F3)(0)”前打钩,根据自己的作图习惯,选择捕捉方式,即在你需要的捕捉方式前打钩,选择完成后,单击“确定”按钮即可。这时鼠标靠近 26 号点,出现黄色标记,单击鼠标左键,完成捕捉工作。

输入点:同上操作捕捉 55 号点。

输入点:同上操作捕捉 54 号点。这样,就将 26、55、54 号点连成一间普通房屋。

注意:在输入点时,嵌套使用了捕捉功能,选择不同的捕捉方式会出现不同形式的黄色光标,适用于不同的情况。对于需要连续捕捉测点作图时,为作图方便可以用鼠标左键点取“工具\物体捕捉模式\节点”菜单项,设置并启用“节点”捕捉方式。

命令区要求“输入点”时,可以用鼠标左键在屏幕上直接单击,为了精确定位也可以输

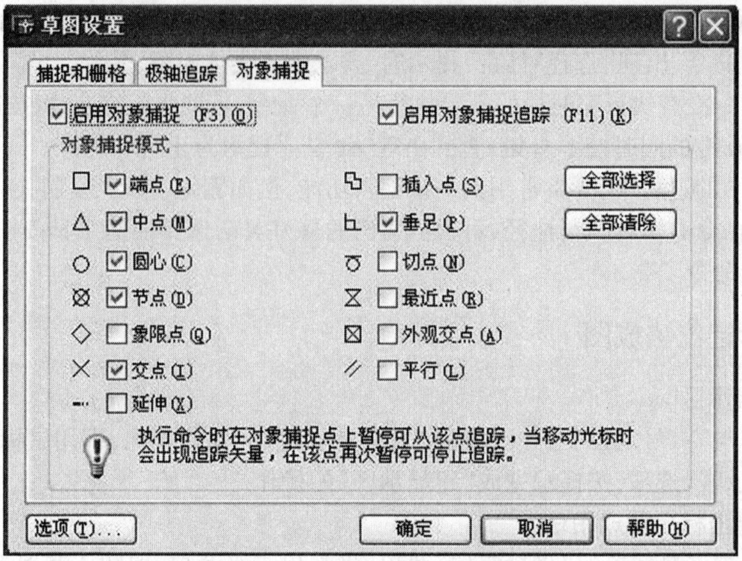

图 4-74 “草图设置”对话框

入实地坐标。例如绘制一盏路灯,用鼠标点取屏幕菜单下的“独立地物”菜单项后,会弹出二级菜单,如图 4-42 所示。点击“公共设施”菜单后会弹出“公共设施”对话框,如图 4-43 所示。移动鼠标到“路灯”图标处单击左键,图标变亮表示该图标已被选中,然后单击“确定”按钮,命令区提示:

输入点:输入 53180. 12,31150. 03,回车。

这时就在(53180. 12,31150. 03)处绘好了一盏路灯。

三、数字地面模型的编辑与等高线的绘制

在地形图中,等高线是表示地貌起伏的一种重要手段。常规的平板测图,等高线是由手工描绘的,等高线可以描绘得比较圆滑但精度稍低。在数字化自动成图系统中,等高线是在建立数字地面模型的基础上由计算机自动勾绘,生成的等高线精度相当高。

CASS7. 0 在绘制等高线时,充分考虑到等高线通过地性线和断裂线时情况的处理,如陡坎、陡崖等。CASS7. 0 能自动切除通过地物、注记、陡坎的等高线。在绘制等高线之前,必须先将野外测得的高程点建立数字地面模型(DTM),然后在数字地面模型上生成等高线。

(一)建立数字地面模型(构建三角网)

数字地面模型(DTM),是在一定区域范围内规则格网点或三角网点的平面坐标(x,y)和其地物性质的数据集合,如果此地物性质是该点的高程 Z,则此数字地面模型又称为数字高程模型(DEM)。这个数据集合从微分角度三维地描述了该区域地形地貌的空间分布。DTM 作为新兴的一种数字产品,与传统的矢量数据相辅相成,在空间分析和决策方面发挥越来越大的作用。借助计算机和地理信息系统软件,DTM 数据可以为建立各种各样的模型解决一些实际问题,主要的应用有:按用户设定的等高距生成等高线图、透视图、坡度图、断面图、渲染图、与数字正射影像 DOM 复合生成景观图,或者计算特定物体对象的体积、表面覆盖面积等,还可用于空间复合、可达性分析、表面分析、扩散分析等。

在建立数字地面模型前,应先“定显示区”及“展点”,操作方法同前。以“C:\Program

Files\CASS70\DEMO\DGX. DAT”数据文件为例，先用鼠标左键单击“绘图处理\定显示区”选项，用数据文件“DGX. DAT”定显示区，然后用鼠标左键单击“绘图处理\展高程点”选项，选择打开“C:\ Program Files\CASS70\DEMO\DGX. DAT”后命令区提示:

注记高程点的距离(米):直接回车。即默认注记全部高程点的高程。这时，所有高程点和控制点的高程均自动展绘到图上。

如图4-65所示，用鼠标左键点取“等高线\建立DTM”选项，即弹出“建立DTM”对话框，如图4-66所示。

此处选择由数据文件生成DTM，在坐标数据文件名处给出坐标数据文件的路径，即C:\Program Files\CASS70\DEMO\DGX. DAT，在结果显示栏选择“显示建三角网结果”，在建模过程不考虑陡坎和地性线，输入完成后，单击“确定”按钮后生成如图4-75所示的DTM三角网。

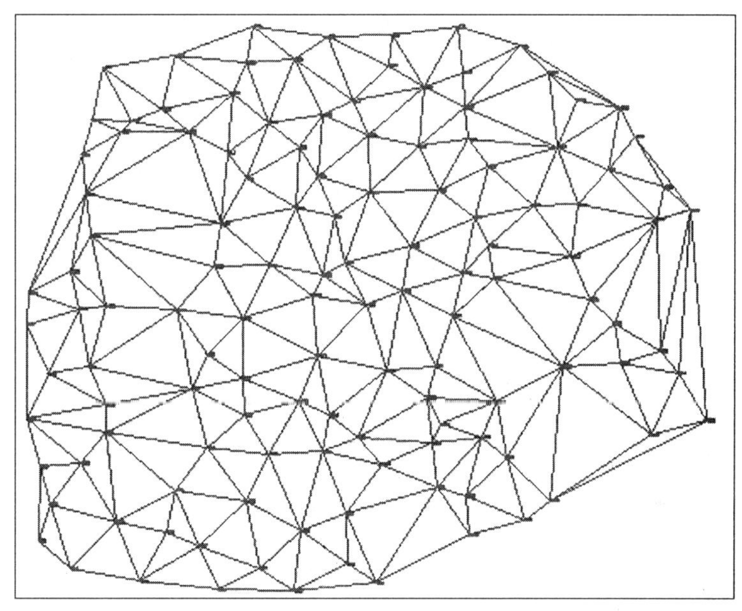

图4-75 用DGX. DAT数据建立的三角网

说明:显示三角网是将建立的三角网在屏幕编辑区显示出来，以便编辑。如果不想修改编辑三角网，可选择不显示三角网或选择显示三角网过程。若选择建模过程考虑陡坎，则在建立DTM前系统自动沿着坎毛的方向插入坎底点(坎底点的高程等于坎顶上已知点的高程减去坎高)，这样新建坎底的点便参与三角网组网的计算。因此，选择要考虑陡坎因素时，必须先将陡坎绘出来，还要赋予陡坎各点坎高。地性线是过已知点的复合线，如山脊线、山谷线。如有地性线，可用鼠标逐个点取地性线，如地性线很多，可专门新建一个图层放置，提示选择地性线时选定测区所有实体，再输入图层名将地性线挑出来。

(二)修改数字地面模型(修改三角网)

一般情况下，由于地形条件的限制在外业采集的碎部点很难一次性生成理想的等高线，另外因现实地貌的多样性和复杂性，自动构成的数字地面模型与实际地貌不太一致，这时可以通过修改三角网来修改这些局部不合理的地方。

1. 删除三角形

如果在某局部内没有等高线通过,则可将其局部内相关的三角形删除。删除三角形的操作方法是:先将要删除三角形的地方局部放大,再选择“等高线”下拉菜单的“删除三角形”选项,命令区提示选择对象:这时便可选择要删除的三角形,如果误删,可用“U”命令将误删的三角形恢复。删除三角形后如图 4-76 所示。

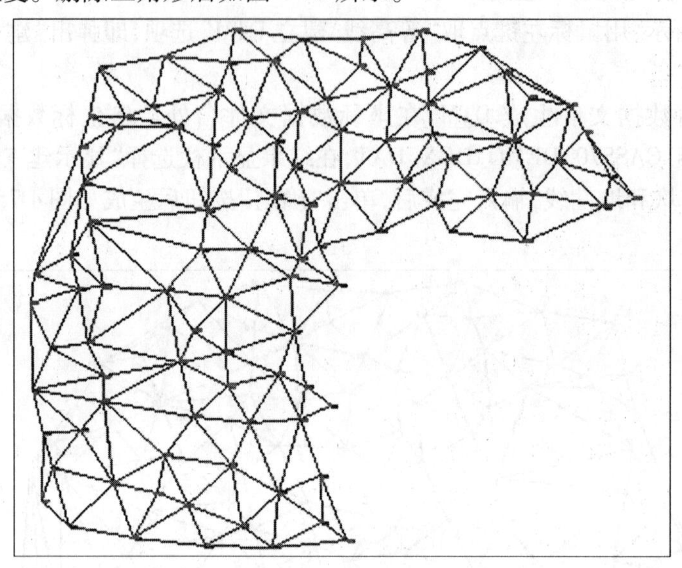

图 4-76 将右下角的三角形删除

2. 过滤三角形

可根据用户需要输入符合三角形中最小角的度数或三角形中最大边长最多大于最小边长的倍数等条件的三角形。如果出现 CASS7.0 在建立三角网后无法绘制等高线,可过滤掉部分形状特殊的三角形。另外,如果生成的等高线不光滑,也可以用此功能将不符合要求的三角形过滤掉再生成等高线。

3. 增加三角形

如果要增加三角形,用鼠标点取“等高线\增加三角形”选项,依照屏幕的提示在要增加三角形的地方用鼠标点取,如果点取的地方没有高程点,系统会提示输入高程。

4. 三角形内插点

选择此命令后,可根据提示“输入要插入的点:”,在三角形中指定点(可输入坐标或用鼠标直接点取),提示“高程(米)=”时,输入此点高程。通过此功能可将此点与相邻的三角形顶点相连构成三角形,同时原三角形会自动被删除。

5. 删三角形顶点

用此功能可将所有由该点生成的三角形删除。因为一个点会与周围很多点构成三角形,如果手工删除三角形,不仅工作量较大,而且容易出错。这个功能常用在发现某一点坐标错误时,要将它从三角网中剔除的情况。

6. 重组三角形

指定两相邻三角形的公共边,系统自动将两三角形删除,并将两三角形的另两点连接起来构成两个新的三角形,这样做可以改变不合理的三角形连接。如果因两三角形的形状特殊无法重组,会有出错提示。

7. 删三角网

生成等高线后就不再需要三角网了,这时如果要对等高线进行处理,三角网比较碍事,可以用此功能将整个三角网全部删除。

8. 修改结果存盘

通过以上命令修改了三角网后,用鼠标选取“等高线\修改结果存盘”选项,把修改后的数字地面模型存盘。这样,绘制的等高线不会内插到修改前的三角形内。

注意:修改了三角网后一定要进行此步操作,否则修改无效!

当命令区显示:存盘结束!,表明操作成功。

(三)绘制等高线

完成第(一)、(二)步操作后,便可以绘制等高线了。等高线的绘制可以在绘平面图的基础上叠加,也可以在“新建图形”的状态下绘制,如在“新建图形”的状态下绘制等高线,系统会提示您输入绘图比例尺。

用鼠标选取“等高线\绘制等高线”选项,弹出如图4-68所示对话框。

对话框中会显示参加生成DTM高程点的最小高程和最大高程值。本例生成多条等高线,在等高距框中输入相邻两条等高线之间的等高距1 m。

最后选择等高线的拟合方式,总共有四种拟合方式:不拟合(折线)、张力样条拟合、三次B样条拟合和SPLINE拟合。本例测点较密且等高线较密,选择三次B样条拟合。

当命令区显示:绘制完成!,便完成绘制等高线的工作,如图4-77所示。

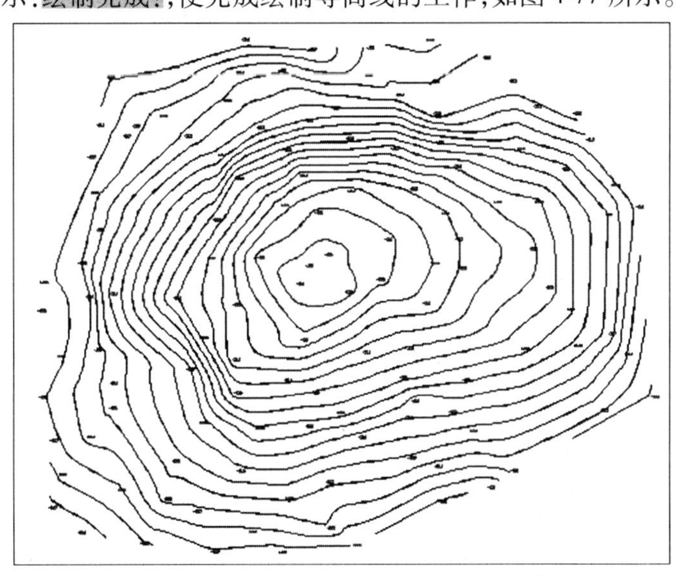

图4-77　完成绘制等高线的工作

(四)等高线的修饰

1. 注记等高线

用“窗口缩放”项得到局部放大图如图4-78所示,用鼠标选取“等高线\等高线注记\单个高程注记”选项。

命令区提示:

选择需注记的等高(深)线:移动鼠标至要注记高程的等高线位置,如图 4-78 的位置 A,按左键。

依法线方向指定相邻一条等高(深)线:移动鼠标至如图 4-78 的等高线位置 B,按左键。

等高线的高程值即自动注记在 A 处,且字头朝 B 处。

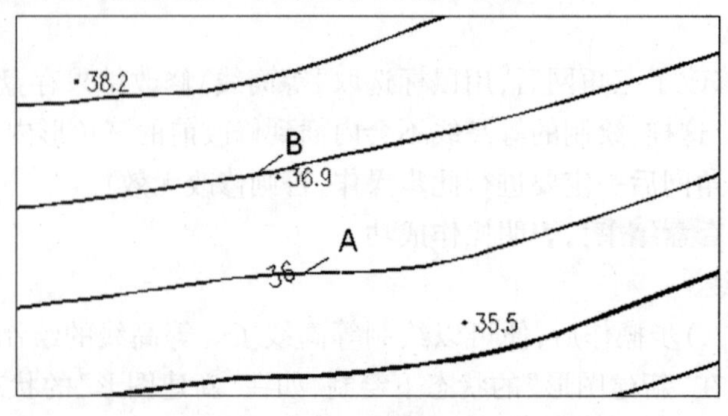

图 4-78 等高线高程注记

2. 等高线修剪

用鼠标单击"等高线\等高线修剪\批量修剪等高线"选项,弹出如图 4-70 所示对话框。

首先选择是消隐还是修剪等高线,然后选择是整图处理还是手工选择需要修剪的等高线,最后选择地物和注记符号,单击"确定"按钮后根据输入的条件修剪等高线。

3. 切除指定二线间等高线

用鼠标左键单击"等高线\等高线修剪\切除指定二线间等高线"选项,命令区提示:

选择第一条线:用鼠标指定一条线,例如选择公路的一边。

选择第二条线:用鼠标指定第二条线,例如选择公路的另一边。

程序将自动切除等高线穿过此二线间的部分。

4. 切除指定区域内等高线

选择一条封闭复合线,系统将该复合线内所有等高线切除。注意,封闭区域的边界一定要是复合线,如果不是,系统将无法处理。

(五)绘制三维模型

建立了 DTM 之后,就可以生成三维模型,观察一下立体效果。

左键单击"等高线\三维模型\绘制三维模型"选项,弹出"输入高程点数据文件名"对话框,如图 4-79 所示。选择文件,此处选择"Dgx",单击"打开"按钮。命令区提示:

最大高程: 43.90 米, 最小高程: 24.37 米。

输入高程乘系数 <1.0 >:输入 5。

如果用默认值,建成的三维模型与实际情况一致。如果测区内的地势较为平坦,可以输入较大的值,将地形起伏状态放大。因本图坡度变化不大,输入高程乘系数将其夸张显示。命令区提示:

整个区域东西向距离 =276.96 米,南北向距离 =224.77 米。

输入格网间距 <8.0 >:直接回车。

是否拟合? (1)是(2)否 <1 > 直接回车,默认选 1,拟合。

这时将显示此数据文件的三维模型,如图 4-80 所示。

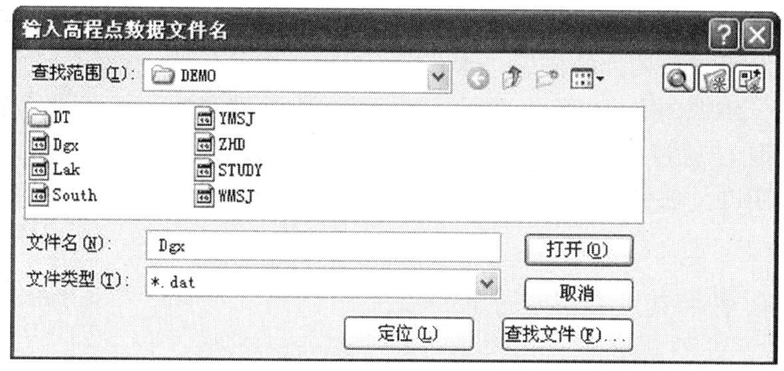

图 4-79 “输入高程点数据文件名”对话框

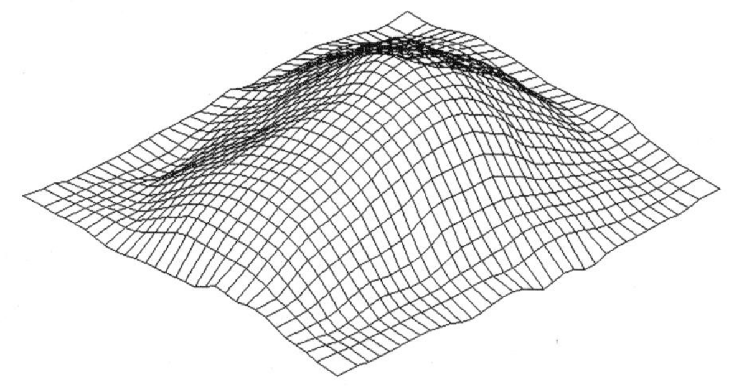

图 4-80 三维效果图

第五节 数字地形图的应用

一、概述

地形图提供了工程建设地区的地形和环境条件等资料，是工程建设不可缺少的重要依据和基础性资料。无论国土整治、资源勘查、土地利用及规划，还是工程设计、军事指挥等，都离不开地形图。尤其是在国民经济建设和国防建设中，在各项工程建设的规划、设计、施工和运行阶段，需要地形图为工程建设提供保障。随着计算机技术和数字化测绘技术的迅速发展，数字地形图已广泛地应用于国民经济建设、国防建设和科学研究的各个方面，如工程建设的设计、交通工具的导航、环境监测和土地利用调查等。

数字地形图与传统的纸质地形图相比，它的应用具有明显的优越性和广阔的发展前景。在数字化成图软件的环境下，利用数字地形图可以很容易地获取各种地形信息，如量测各个点的坐标、点与点之间的距离，量测直线的方位角，确定点的高程和计算两点间的高差、坡度以及在图上设计坡度线、确定汇水面积和计算地块的面积等，而且其精度高、速度快。

利用野外采集的地面点坐标（X,Y,Z），可以建立数字地面模型（DTM），在此基础上可以绘制地形立体透视图、地形断面图，确定场地平整的填挖边界和计算土方量等。在公路和铁路设计中，可以绘制地形的三维视图和纵、横断面图，进行自动选线设计。

数字地面模型是地理信息系统（GIS）的基础资料，可用于土地利用现状分析、土地规划管理和灾情分析等，在军事上可用于导航和导弹制导。

随着科学技术的高速发展和社会信息化程度的不断提高，数字地形图将会发挥越来越大的作用。本节以 CASS 成图软件为例，利用该数字化成图软件中“工程应用”等菜单功能，完成基本几何要素的查询、土方量的计算、断面图的绘制、公路曲线设计、面积计算和应用以及如何进行图数转换等操作，其应用菜单如图 4-81所示。

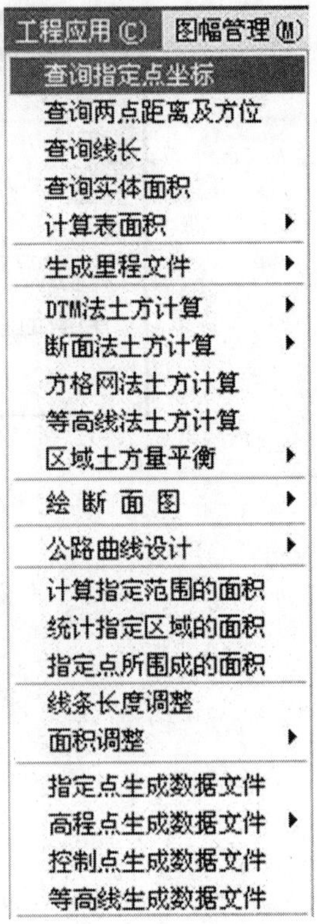

工程应用(C) 图幅管理(M)
查询指定点坐标
查询两点距离及方位
查询线长
查询实体面积
计算表面积 ▸
生成里程文件 ▸
DTM法土方计算 ▸
断面法土方计算 ▸
方格网法土方计算
等高线法土方计算
区域土方量平衡 ▸
绘 断 面 图 ▸
公路曲线设计 ▸
计算指定范围的面积
统计指定区域的面积
指定点所围成的面积
线条长度调整
面积调整 ▸
指定点生成数据文件
高程点生成数据文件 ▸
控制点生成数据文件
等高线生成数据文件

图 4-81 “工程应用”菜单

二、数字地形图基本几何要素的查询

(一)查询指定点坐标

用鼠标左键点取“工程应用\查询指定点坐标”选项。用鼠标点取所要查询的点即可。也可以先进入点号定位方式，再输入要查询的点号。

说明：系统左下角状态栏显示的坐标是数学坐标系中的坐标，与测量坐标系的 X 和 Y 的顺序相反。用此功能查询时，系统在命令行给出的 X、Y 是测量坐标系的值。

(二)查询两点距离及方位

用鼠标左键点取“工程应用\查询两点距离及方位”选项。用鼠标分别点取所要查询的两点即可。也可以先进入点号定位方式，再输入要查询的两点点号。

说明：CASS7.0 所显示的坐标为实地坐标，所以所显示的两点距离为实地距离。

(三)查询线长

用鼠标左键点取“工程应用\查询线长”选项。用鼠标点取图上曲线即可。

(四)查询实体面积

用鼠标左键点取“工程应用\查询实体面积”选项。用鼠标点取待查询的实体的边界即可，要注意实体应该是闭合的。

(五)计算表面积

对于不规则地貌，其表面积很难通过常规的方法来计算，在这里可以通过建模的方法来计算。系统通过 DTM 建模，在三维空间内将高程点连接为带坡度的三角形，再通过每个三角形面积累加得到整个范围内不规则地貌的表面积。如图 4-82 所示，计算图中四边形范围内地貌的表面积。

用鼠标左键单击“工程应用\计算表面积\根据坐标文件”选项，命令区提示：

(1)根据坐标数据文件(2)根据图上高程点

选择计算区域边界线 用拾取框选择图上的复合线边界，弹出“输入高程点数据文件名”对话框，给出坐标数据文件的路径，单击“打开”按钮，命令行提示：

请输入边界插值间隔(米)：<20> 输入 5，回车。即边界上插点的密度。命令行提示：

表面积 =15863. 516 平方米，详见 surface. log 文件 显示结果，surface. log 文件保存在 C:\ program Files\CASS70\SYSTEM 目录下面。图 4-83 为建模计算表面积的结果。

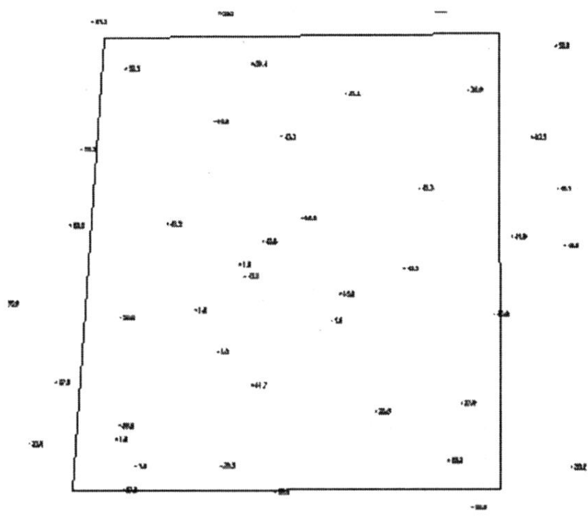

图 4-82　计算表面积

另外,还可以根据图上高程点计算表面积,操作步骤相同,但计算的结果会有差异,因为由坐标文件计算时,边界上内插点的高程由全部的高程点参与计算得到。而由图上高程点来计算时,边界上内插点只与被选中的点有关,故边界上点的高程会影响到表面积的结果。到底用哪种方法来计算更合理与边界线周边的地形变化条件有关,变化越大的,越趋向于由图面上来选择。

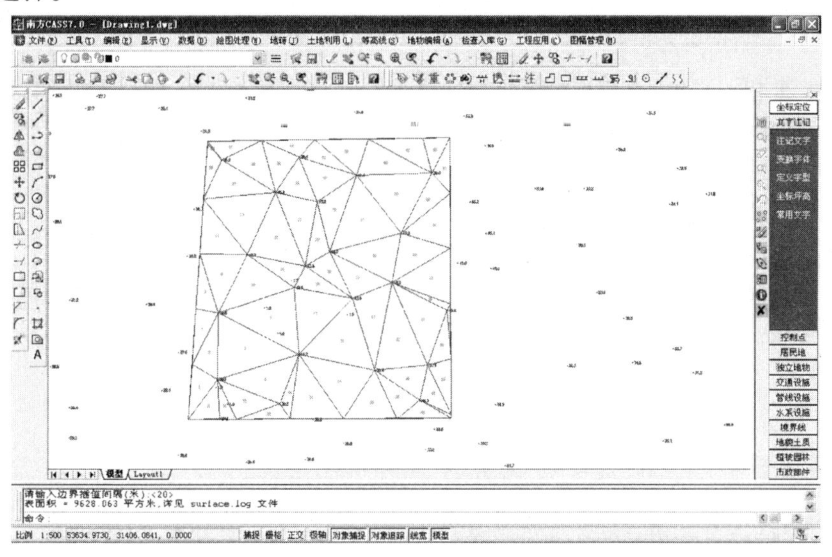

图 4-83　建模计算表面积的结果

三、土方量的计算

(一)DTM 法土方量计算

由 DTM 模型来计算土方量是根据实地测定的地面点坐标(X,Y,Z)和设计高程,通过生成三角网来计算每一个三棱锥的填挖方量,最后累计得到指定范围内填方和挖方的土方量,并绘出填挖方分界线。系统将显示三角网、填挖边界线和填挖土方量。

DTM 法土方量计算共有三种方法:第一种是由坐标数据文件计算,第二种是依照图上高程点进行计算,第三种方法是依照图上三角网进行计算。前两种算法包含重新建立三角网的过程,第三种方法直接采用图上已有的三角形,不再重建三角网。下面分别叙述三种方法的操作过程。

1. 根据坐标数据文件计算

用复合线画出所要计算土方的区域,一定要闭合,但尽量不要拟合。

用鼠标左键点取“工程应用\DTM 法土方计算\根据坐标文件”选项。

提示:选择边界线　用鼠标点取所画的复合线,弹出如图 4-84 所示“输入高程点数据文件名”对话框,此处选择坐标文件名“Dgx”,单击“打开”按钮,系统弹出如图 4-85 所示“DTM 土方计算参数设置”对话框。

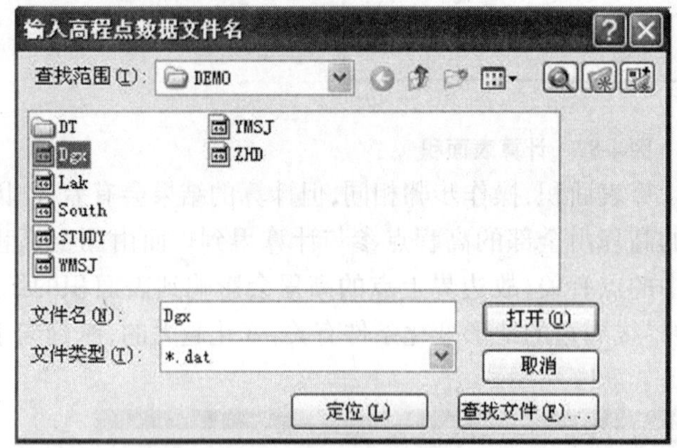

图 4-84　“输入高程点数据文件名”对话框

图 4-85　“DTM 土方计算参数设置”对话框

区域面积:该值为复合线围成的多边形的水平投影面积。

平场标高:指设计要达到的目标高程。

边界采样间隔:边界插值间隔的设定,默认值为 20 m。

边坡设置:选中处理边坡复选框后,则坡度设置功能变为可选,选中放坡的方式(向上或向下:指平场高程相对于实际地面的高低,平场高程高于地面则设置为向下放坡)。然后输入坡度值。

设置好计算参数后屏幕上显示填挖方的提示框,命令行显示:

挖方量 = ××××立方米,填方量 = ××××立方米。

同时,图上绘出所分析三角网、填挖方的分界线(白色线条),如图 4-86 所示。

关闭对话框后系统提示:

请指定表格左下角位置:<直接回车不绘表格>　用鼠标在图上适当位置单击,CASS7.0 会在该处绘出一个表格,包含平场面积、最大高程、最小高程、平场标高、填方量、挖方量和图形。如图 4-87 所示。

计算三角网构成详见 dtmtf.log 文件,其路径为:C:\program Files\CASS70\SYSTEM,如图 4-88 所示。

2. 根据图上高程点计算

首先要展绘高程点,然后用复合线画出所要计算土方的区域,要求同 DTM 法。

用鼠标点取“工程应用\DTM 法土方计算\根据图上高程点计算”选项。

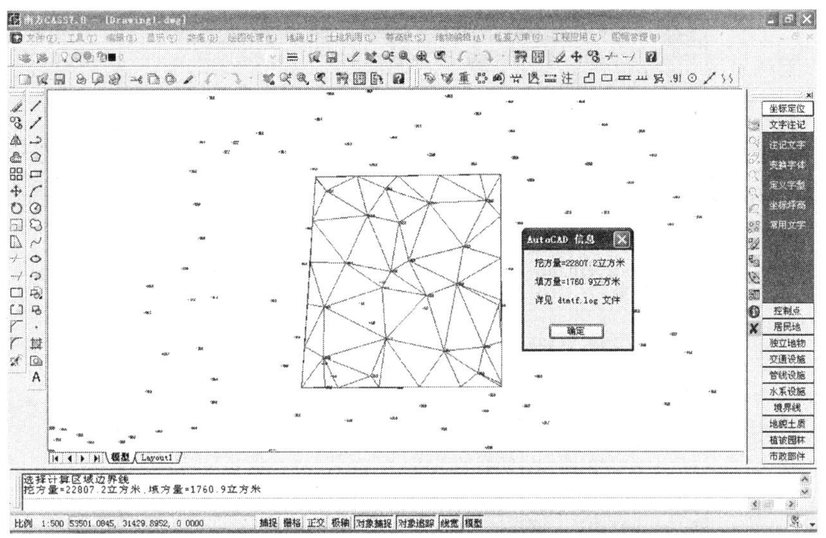

图 4-86　填挖方量提示框

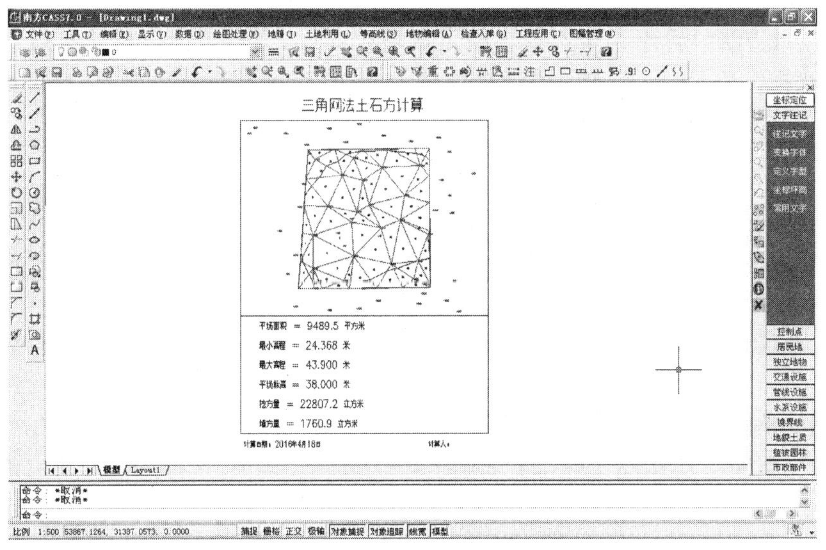

图 4-87　填挖方量计算结果

提示:选择边界线　用鼠标点取所画的闭合复合线。

提示:选择高程点或控制点　此时可逐个选取要参与计算的高程点或控制点,也可以拖框选择。如果键入“ALL”回车,将选取图上所有已经绘出的高程点或控制点。弹出土方参数设置对话框,以下操作则与坐标计算法一样。

3. 根据图上三角网计算

对已经生成的三角网进行必要的添加和删除,使结果更接近实地地形。

用鼠标点取“工程应用\DTM 法土方计算\根据图上三角网计算”选项。

提示:平场标高(米):输入平整的目标高程。

请在图上选取三角网:用鼠标在图上选取三角形,可以逐个选取也可拉框批量选取。

回车后屏幕上显示填挖方的提示框,同时图上绘出所分析的三角网,填挖方的分界线(白色线条)。

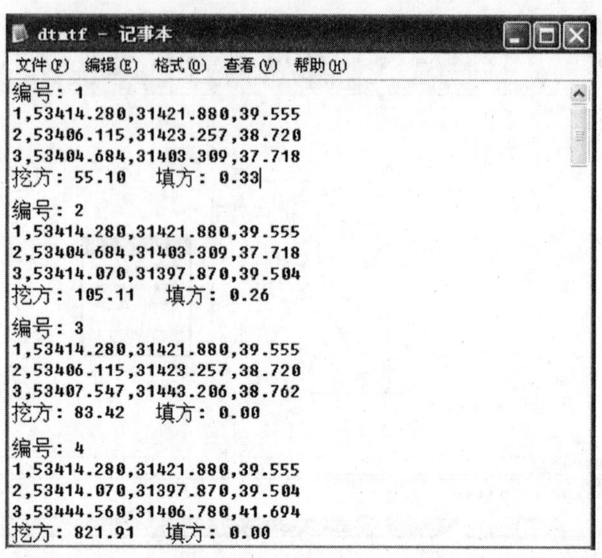

图 4-88 dtmtf. log 文件内容

注意:用此方法计算土方量不要求给定区域边界,因为系统会分析所有被选取的三角形,因此在选择三角形时一定要注意不要漏选或多选,否则计算结果有误,且很难检查出问题所在。

4. 计算两期土方量

两期土方计算指的是对同一区域进行了两期测量,利用两次观测得到的高程数据建模后叠加,计算出两期之中的区域内土方的变化情况。适用的情况是两次观测时该区域都是不规则表面。

两期土方计算之前,要先对该区域分别建模,即生成 DTM 模型,并将生成的 DTM 模型保存起来。然后点取“工程应用\DTM 法土方计算\计算两期土方量”选项,命令区提示:

第一期三角网:(1)图面选择(2)三角网文件 <2>　选择开挖前的三角网。

第二期三角网:(1)图面选择(2)三角网文件 <1>　同上,选择开挖后的三角网。

说明:图面选择是在图上直接选取三角网,三角网文件指的是打开原先导出的三角网文件。

系统弹出计算结果。

单击“确定”后,屏幕出现两期三角网叠加的效果,蓝色部分表示此处的高程已经发生变化,红色部分表示没有变化。

(二)方格网法土方计算

由方格网来计算土方量是通过在地形图上拟建场地内绘制方格网,方格网的大小取决于地形复杂程度,以及土方概算的精度要求。然后根据实地测定的地面点坐标(X,Y,Z)和设计高程,计算每一个方格内的填挖方量,最后累计得到指定范围内填方和挖方的土方量,并绘出填挖方分界线。

系统首先将方格的四个角上的高程相加(如果角上没有高程点,通过周围高程点内插得出其高程),取平均值与设计高程相减,可以计算出每一方格的填挖高度,即

$$填挖高度 = 地面高程 - 设计高程$$

式中,正号为挖深,负号为填高。

然后通过指定的方格边长得到每个方格的面积,再用长方体的体积计算公式得到填挖方量。因此,这种方法算出来的土石方量与用其他方法得出的结果会有较大的差异。一般来说,这种方法得出的结果精度不太高,这是由于这种方法“先天不足”——算法的局限性,但方格网法简便直观,易于操作,因此这一方法在实际工作中应用非常广泛。

用方格网法计算土方量,设计面可以是平面,也可以是斜面。

1. 设计面是平面时的操作步骤

首先展点,然后用复合线画出所要计算土方的区域,一定要闭合,但是尽量不要拟合。因为拟合过的曲线在进行土方计算时会用折线迭代,影响计算结果的精度。

用鼠标点取“工程应用\方格法土方计算”选项,命令行提示:

选择计算区域边界线:选择土方计算区域的边界线(闭合复合线)。

屏幕上弹出“方格网土方计算”对话框,如图 4-89 所示。

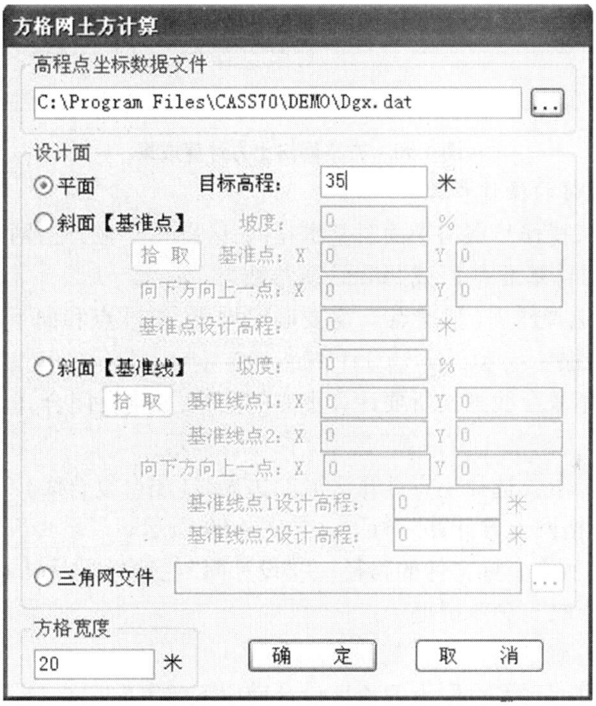

图 4-89 “方格网土方计算”对话框

在对话框中选择所需的坐标文件;在“设计面”栏选择“平面”,并输入目标高程;在“方格宽度”栏,输入方格网的宽度,这是每个方格的边长,默认值为 20 m。由原理可知,方格的宽度越小,计算精度越高。但如果给的值太小,超过了野外采集碎部点的密度也是没有实际意义的。

单击“确定”按钮,命令行提示:

最小高程 = ××. ×××,最大高程 = ××. ×××

正在重生成模型

总填方 = ××××. ×立方米,总挖方 = ××××. ×立方米

同时图上绘出所分析的方格网、填挖方的分界线(绿色折线),并给出每个方格的填挖

方、每行的挖方和每列的填方。结果如图 4-90 所示。

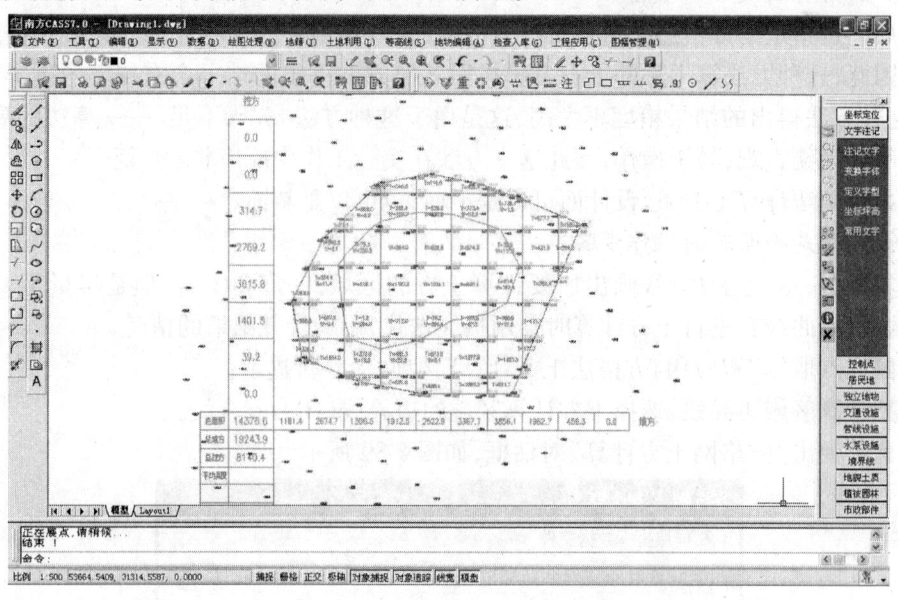

图 4-90　方格网法土方计算成果

2. 设计面是斜面时的操作步骤

设计面是斜面时,操作步骤与平面时基本相同,区别在于在方格网土方计算对话框“设计面”栏中,选择“斜面【基准点】”或“斜面【基准线】”。

(1)如果设计面选择斜面(基准点),需要确定坡度、基准点和向下方向上一点的坐标,以及基准点的设计高程。

首先展点,然后用复合线画出所要计算土方的区域,一定要闭合,但是尽量不要拟合。

选择“工程应用\方格法土方计算”选项。命令行提示:

选择计算区域边界线:选择土方计算区域的边界线(闭合复合线)。

屏幕上弹出 “方格网土方计算”对话框,如图 4-89 所示。

在对话框中给出所需坐标文件的路径;在“设计面”栏选择“斜面【基准点】”, 给出设计坡度,如 1%,点击“拾取”,命令行提示:

点取设计基准点:确定设计面的基准点。

指定斜坡设计面向下的方向:点取斜坡设计面向下的方向。

输入设计基准点的设计高程,如 40. 000 m,在方格网宽度栏给出方格宽度值,缺省值为 20 m。单击“确定”按钮,完成土方量的计算,计算结果与图 4-90 类似。

(2)如果设计面选择斜面(基准线),需要输入坡度并点取基准线上的两个点以及基准线向下方向上的一点,最后输入基准线上两个点的设计高程即可进行计算。

单击“拾取”,命令行提示:

点取基准线第一点:点取基准线的一点。

点取基准线第二点:点取基准线的另一点。

指定设计高程低于基准线方向上的一点:指定基准线方向两侧低的一边。

方格网计算的成果与图 4-90 类似。

(三)等高线法土方计算

用户将白纸图扫描矢量化后可以得到图形,但这样的图都没有高程数据文件,所以无法用前面的几种方法计算土方量。

一般来说,这些图都绘有等高线,所以 CASS7.0 开发了由等高线计算土方量的功能,专为这类用户设计。

用此功能可计算任两条等高线之间的土方量,但所选等高线必须闭合。由于两条等高线所围面积可求,两条等高线之间的高差已知,可求出这两条等高线之间的土方量。

用鼠标点取“工程应用\等高线法土方计算”选项。

屏幕提示:选择参与计算的封闭等高线　可逐个点取参与计算的等高线,也可按住鼠标左键拖框选取,但是只有封闭的等高线才有效。

回车后屏幕提示:输入最高点高程:<直接回车不考虑最高点>

回车后:屏幕弹出如图 4-91 所示总方量信息框。

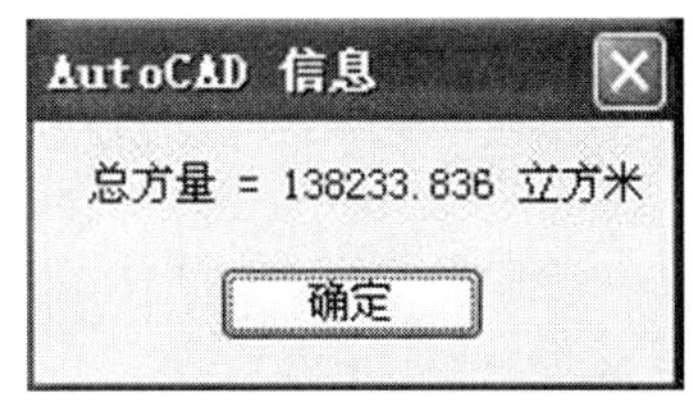

图 4-91　等高线法土方量计算总方量信息框

回车后屏幕提示:请指定表格左上角位置:<直接回车不绘制表格>在图上空白区域点击鼠标左键,系统将在该点绘出计算成果表格,如图 4-92所示。

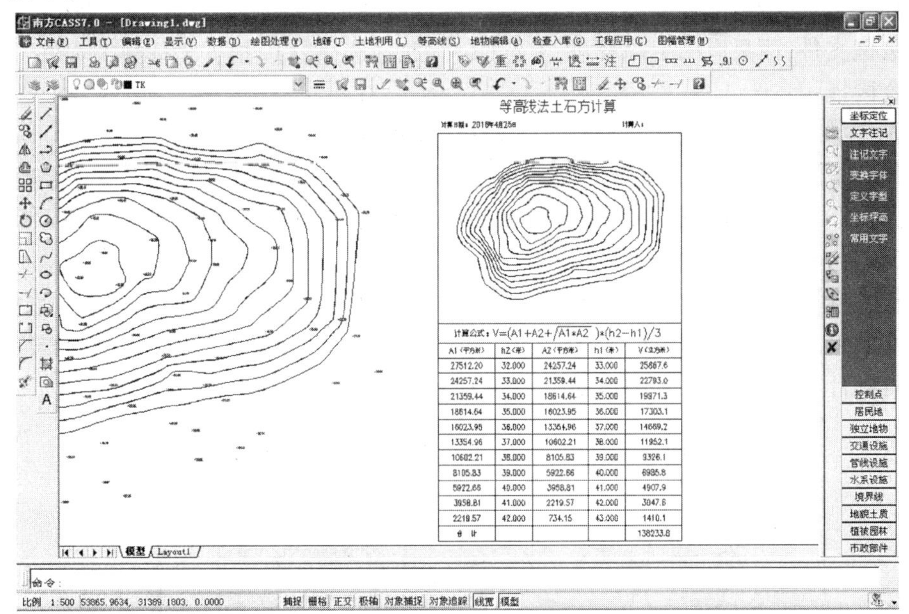

A1(平方米)	h2(米)	A2(平方米)	h1(米)	V(立方米)
27512.20	32.000	24257.24	33.000	25867.6
24257.24	33.000	21359.44	34.000	22793.0
21359.44	34.000	18614.64	35.000	19971.3
18614.64	35.000	16023.95	36.000	17303.1
16023.95	36.000	13354.96	37.000	14669.2
13354.96	37.000	10602.21	38.000	11952.1
10602.21	38.000	8105.83	39.000	9326.1
8105.83	39.000	5922.66	40.000	6985.8
5922.66	40.000	3958.81	41.000	4907.9
3958.81	41.000	2219.57	42.000	3047.6
2219.57	42.000	734.15	43.000	1410.1
合　计				138233.8

图 4-92　等高线法土方量计算成果

可以从表格中看到每条等高线围成的面积和两条相邻等高线之间的土方量,还有计算公式等。

(四)区域土方量平衡

土方平衡的功能常在场地平整时使用。当一个场地的土方平衡时,挖掉的土方量刚好等于填方量。以填挖方边界线为界,从较高处挖得的土石方直接填到区域内较低的地方,就可完成场地平整,这样可以大幅度减少运输费用。

以数据文件 DGX. DAT 为例,首先用数据文件 DGX. DAT 定显示区并展绘高程点,然后用封闭复合线绘出需平整场地的范围,如图 4-93 所示。通过区域土方平衡计算,自动算出待平整场地的目标高程,使需平整场地的填方和挖方相等。

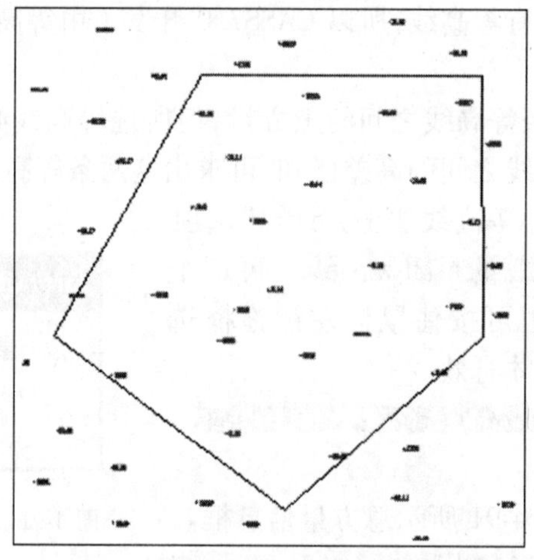

图 4-93　绘制计算土方的边界线

用鼠标选取“工程应用\区域土方量平衡”选项,系统弹出二级菜单,二级菜单有:(1)根据坐标数据文件;(2)根据图上高程点。如果要分析整个坐标数据文件,请选择(1);如果没有坐标数据文件,而只有图上高程点,可选(2)。此处选择“(1)根据坐标数据文件”。

命令区提示:

请选择(1)根据坐标数据文件(2)根据图上高程点

选择计算区域边界线。选择事先画好的封闭复合线。系统弹出“输入高程点数据文件名”的对话框,在对话框中选择所需计算的高程点数据文件,本例选择 DGX. DAT 坐标数据文件,点击“打开”按钮。命令行提示:

请输入边界插值(米):<20 >,默认为 20 m,这个值将决定计算时在图上的取样密度,如果密度太大,超过了高程点的密度,实际意义并不大,一般用默认值即可。直接回车。运算后将得到计算结果,屏幕上弹出如图 4-94 所示的信息框。同时命令行提示:

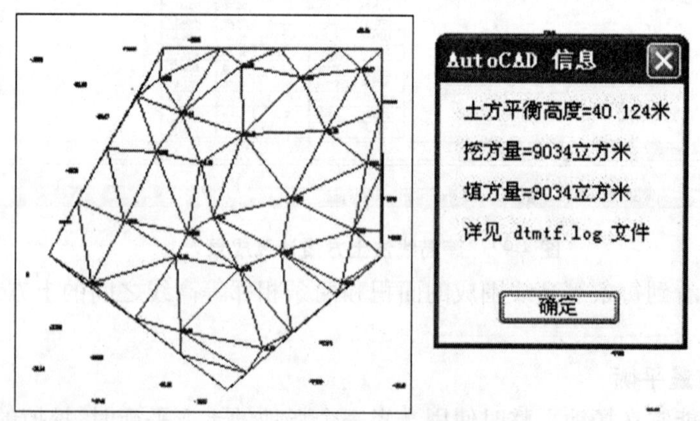

图 4-94　运算信息

土方平衡高度 =40. 124 米,挖方量 =9034 立方米,填方量 =9034 立方米。单击对话框

的“确定”按钮,命令行提示:

请指定表格左下角位置:<直接回车不绘表格>,控制是否生成成果数据表格,在图上空白区域单击鼠标左键,系统在图上绘出计算表格,如图 4-95 所示。

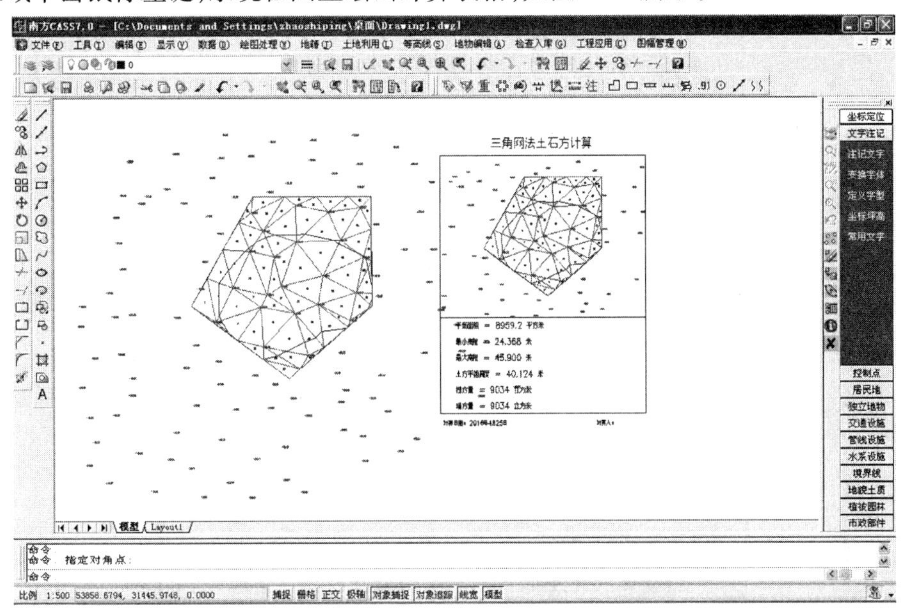

图 4-95　区域土方量平衡法土方计算成果

如果在二级菜单选择的是“根据图上高程点”,此时命令行出现下列提示。

选择高程点或控制点:

选择对象:用鼠标选取参与计算的高程点或控制点,可直接用鼠标拉框选取,选好后回车。其他步骤与前相同。

四、断面图的绘制

绘制断面图的方法有四种:①根据已知坐标;②根据里程文件;③根据等高线;④根据三角网。

(一)根据已知坐标

坐标文件指野外观测的包含高程点的文件,方法如下:

先用复合线绘制断面线,如图 4-96 中所绘的复合线。

用鼠标选取“工程应用\绘断面图\根据已知坐标”选项。

提示:选择断面线　用鼠标点取上步所绘断面线。屏幕上弹出“断面线上取值”对话框,如图 4-97 所示,如果“选择已知坐标获取方式”栏中选择“由数据文件生成”,则在“坐标数据文件名”栏中选择高程点数据文件的路径。

如果选“由图面高程点生成”,此步则为在图上选取高程点,前提是图面存在高程点,否则此方法无法生成断面图。

输入采样点间距:　输入采样点的间距,系统默认值为 20 m。采样点的间距含义是复合线上两顶点之间若大于此间距,则每隔此间距内插一个点。

输入起始里程 <0.0>　系统默认起始里程为 0。

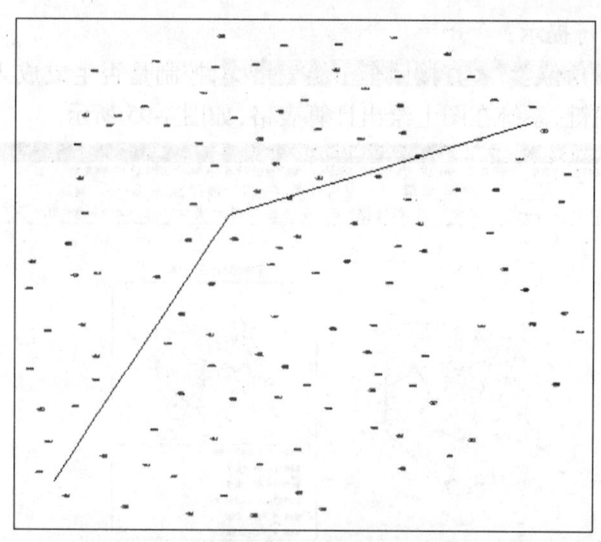

图 4-96　绘复合线

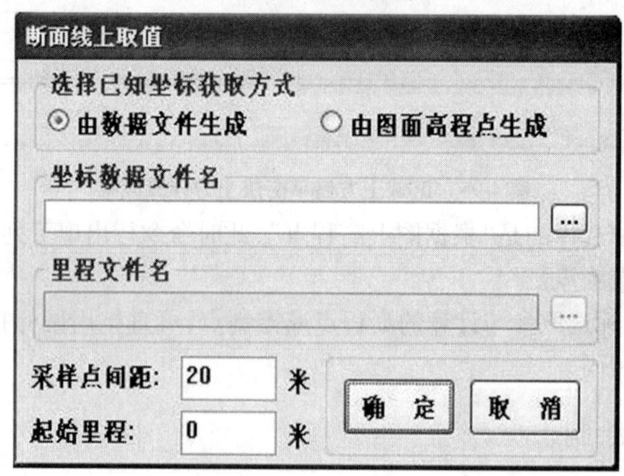

图 4-97　"断面线上取值"对话框

单击"确定"之后,屏幕弹出"绘制纵断面图"对话框,如图 4-98 所示。

输入相关参数,如:

横向比例尺为 1: <500 >　输入横向比例尺,系统默认值为 1: <500 >。

纵向比例尺为 1: <100 >　输入纵向比例尺,系统默认值为 1: <100 >。

断面图位置:可以手工输入,亦可以在图面上拾取。

可以选择是否绘制平面图、标尺、标注,还有一些关于注记的设置。

单击"确定"之后,在屏幕上出现所选断面线的断面图,如图 4-99 所示。

(二)根据里程文件

根据里程文件绘制断面图,里程文件格式见说明书。

一个里程文件可包含多个断面的信息,此时绘断面图就可一次绘出多个断面。

里程文件的一个断面信息内允许有该断面不同时期的断面数据,这样绘制这个断面图时就可以同时绘出实际断面线和设计断面线。

绘制纵断面图

断面图比例
横向 1: 500
纵向 1: 100

断面图位置
横坐标: 0
纵坐标: 0

平面图
⊙不绘制 ○绘制 宽度: 40

起始里程
0 米

绘制标尺
□内插标尺 内插标尺的里程间隔: 0

距离标注
⊙里程标注
○数字标注

高程标注位数
○1 ⊙2 ○3

里程标注位数
○0 ⊙1 ○2

里程高程注记设置
文字大小: 3 最小注记距离: 3

方格线间隔(单位:毫米)
☑仅在结点画 横向: 10 纵向: 10

断面图间距(单位:毫米)
每列个数 5 行间距 200 列间距 300

确 定 取 消

图 4-98 “绘制纵断面图”对话框

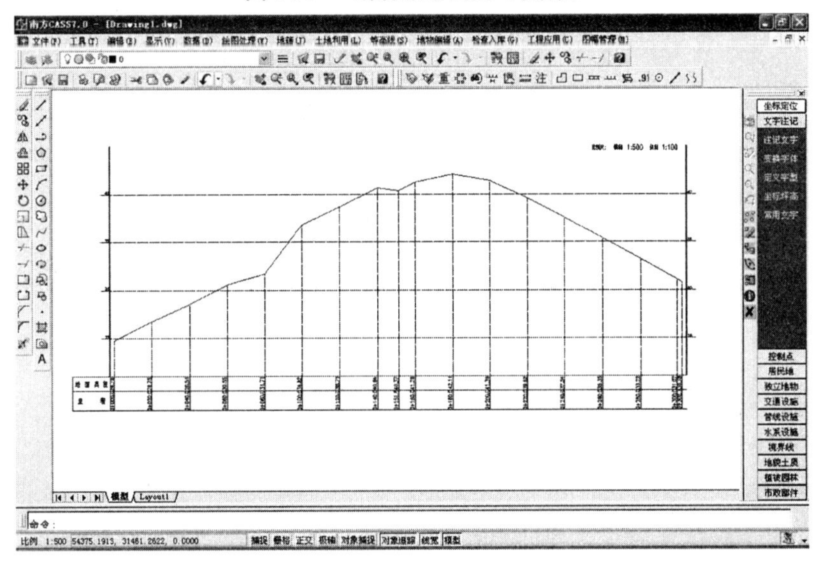

图 4-99 纵断面图

(三)根据等高线

如果图面存在等高线,则可以根据断面线与等高线的交点来绘制纵断面图。

用鼠标选取“工程应用\绘断面图\根据等高线”选项,命令行提示:

请选取断面线:选择要绘制断面图的断面线。

屏幕弹出“绘制纵断面图”对话框,如图 4-98 所示,其他操作方法同前。

(四)根据三角网

如果图面存在三角网,则可以根据断面线与三角网的交点来绘制断面图。

用鼠标选取"工程应用\绘断面图\根据三角网"选项,命令行提示:

请选取断面线: 选择要绘制断面图的断面线,屏幕弹出"绘制纵断面图"对话框,如图 4-98所示,其他操作方法同前。

第五章　测量实习指导

第一节　测量实习的目的与任务

测量实习是根据测量学课程教学大纲的要求，在学完测量学基本理论知识并初步掌握测量仪器的基本操作方法后安排的综合性教学实习，它是一门独立开设的实践性课程，学分单计。海南大学土木工程、园林、土地资源管理、农学等专业的学生按教学计划要进行为期1～2周的测量实习。

一、测量实习的目的

（1）帮助学生巩固和加深对课堂教学理论知识的理解，进一步熟练课堂实验时所获得的测量仪器的基本操作技能和技巧，做到理论与实践相结合。

（2）通过测量综合实习，学生应初步掌握大比例尺地形图的基本作业程序和测绘方法，体会“从整体到局部，先控制后碎部”的测绘工作组织原则。初步掌握地形图的应用和工程施工测量的基本方法，为今后解决实际工程中有关测量工作的问题打下基础。

（3）通过测量综合实习，进一步提高学生分析问题、解决问题和实际动手的能力。

（4）通过测量综合实习的锻炼，进一步帮助学生培养良好的集体主义观念、严谨认真的治学态度、实事求是的工作作风、团结协作的团队精神和吃苦耐劳的工作态度。

二、测量实习方式

测量实习主要在校内进行，主要任务为地形图测绘和施工放样。测量实习方式按小组进行，每小组由4～6人组成，各小组在指导教师的指导下，独立完成实习任务。

三、测量实习的任务

（一）水准仪、全站仪的检验与校正

掌握水准仪的安置、整平、瞄准、读数和检验与校正方法；掌握全站仪的对中、整平、瞄准和读数方法，了解其检验与校正方法和过程。

（二）导线测量

每实习小组根据自己测区的情况，按测量规范完成一条三级导线测量或若干图根导线测量工作。

（三）水准测量

每实习小组按测量规范完成一条约1 km的三等或四等水准测量的外业工作和内业工作。

（四）地形图的测绘

每实习小组独立完成1～3栋建筑楼群的1∶500地形图的测绘工作。

（五）图上设计与实地测量放样

每实习小组在起点草坪处设计一栋建筑物，独立完成该栋建筑物的施工放样测量工作。

（六）技术总结报告与考核

每人把实习作为一个生产项目写出技术总结报告，作为实习考核的主要内容，指导教师根据实习情况进行书面和实践考核。

第二节　测量实习场地介绍

一、校内实习场地简介

（1）测量实习场地在海南大学海甸校区内。

（2）整个实习场地都是平坦地形，仅在少数区域有一些几米高的土丘，可勾绘等高线。

（3）测区内建筑物密集、道路纵横交错、交通繁忙，在进行测量实习时必须注意人员和仪器设备的安全。

二、测区分幅图

海南大学海甸校区实习场地分幅图可供各实习小组选点及划定测图区域，如图 5-1 所示。

三、测区控制点成果表

海南大学海甸校区控制点是为学生进行测量实习所布设和测定的，可作为学生布设导线和水准路线的起始点。平面控制采用海南海口平面坐标系，高程控制采用海口秀英高程基准。表 5-1 为海南大学海甸校区控制点成果（部分）。

表 5-1　海南大学海甸校区控制点成果（部分）

点号	X	Y	H	点号	X	Y	H
HE1052	218 619.901	195 733.680	2.975	KZ01	218 905.019	195 601.296	3.219
HE1053	218 616.761	195 998.001	3.616	KZ04	218 626.336	195 298.364	3.215
HF001	218 632.604	196 172.199	3.592	KZ05	218 448.707	195 997.718	3.836
HF002	218 570.507	196 198.781	3.608	KZ06	218 895.337	195 344.935	3.252
HF1036	218 424.523	196 389.636	3.409	KZ07	218 616.188	195 601.725	3.146
HF1038	218 377.995	196 385.481	3.111	KZ11	218 616.281	195 439.793	3.165
HF1040	218 542.795	196 305.742	3.576	B01	218 530.321	195 905.759	3.447
HF1041	218 674.627	196 317.280	3.593	B03	218 450.945	195 903.069	3.501
HF1042	218 789.221	196 323.482	3.423	B04	218 368.050	195 906.915	3.894
HF1068	218 713.825	196 829.683	3.387	B05	218 256.710	195 906.845	3.526
HF1073	219 028.039	196 556.511	3.427	B06	218 260.034	195 736.280	3.394
HF1074	219 032.689	196 482.164	3.424	B07	218 369.507	195 736.915	3.336
HF1075	218 937.875	196 482.361	3.248	B08	218 377.069	195 601.568	3.497
N02	218 537.393	196 088.417	3.520	B09	218 368.906	195 446.478	3.285
N03	218 537.501	196 171.148	3.530	B11	218 742.554	195 602.005	3.090
N06	218 752.423	196 308.210	3.466	B17	218 617.341	195 904.641	3.403
N08	218 640.160	196 244.752	3.611	B21	218 936.555	196 755.196	3.378
A01	218 911.877	196 314.531	3.340	B22	218 840.089	196 808.568	3.510

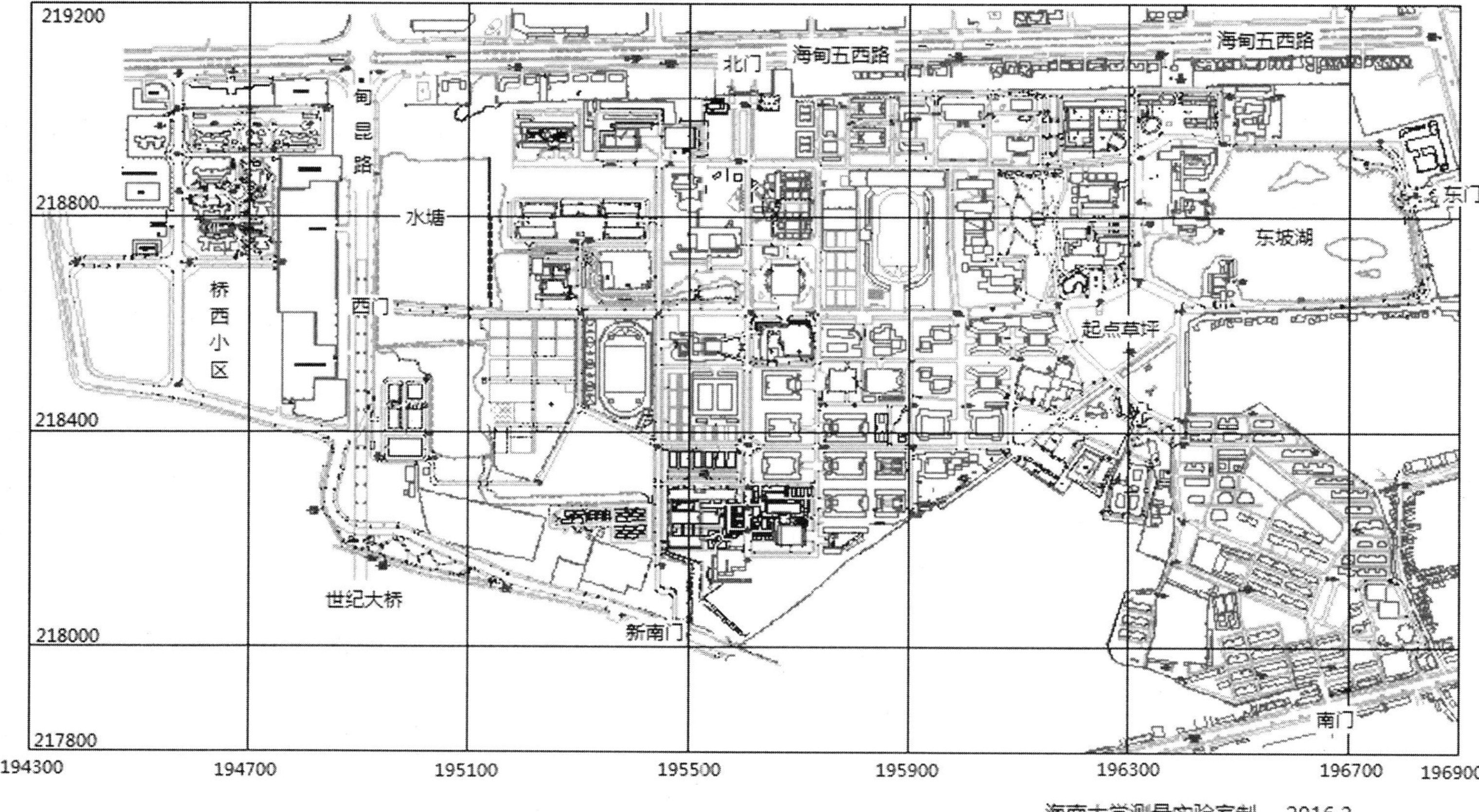

图 5-1 海南大学海甸校区实习场地分幅图

第三节 测量仪器与工具

一、各组必备的测量仪器和工具

根据测量实验室现有仪器设备的具体情况来给实习小组发放仪器和工具，使用全站仪的实习小组发放的仪器和工具清单见表5-2。

表5-2 使用全站仪小组仪器和工具清单

序号	名称	单位	数量
1	全站仪(附脚架)	套	1
2	单棱镜组(附脚架)	套	1
3	微型棱镜	副	1
4	对中杆+棱镜	副	1
5	测伞	把	1
6	30 m皮尺(或钢尺)	把	1
7	2 m卷尺	把	2
8	工具包	个	1
9	木桩	个	10
10	锤子	把	1
11	定向架	副	1
12	对讲机	对	1
13	记录板	个	1

学生自备《地形图图式》一本，小刀一把，计算器一个，2H(或3H)与4H铅笔各一支，橡皮一块。三、四等水准测量观测手簿、角度测量观测手簿、距离测量观测手簿、地形测量观测手簿、全站仪导线测量观测手簿由实验室提供。

二、使用仪器注意事项

领到仪器后，应清点仪器和附件数量，核对编号，查看仪器性能。在实习中使用仪器要做到“人不离仪，连接牢固，轻手轻脚，安全搬站”。仪器如有遗失或损坏，必须及时向指导教师汇报，并写出书面报告说明情况，按学校有关规定进行赔偿。有关电子全站仪的使用与注意事项参见第一章的有关内容，在海南大学校内使用测量仪器实习的同学尤其要注意来往的车辆对测量仪器和人员带来的危险，时刻做到测站上有人值守保护，以确保仪器和人员的安全。

第四节　测量实习的计划安排与组织纪律

一、测量实习计划

海南大学测量实习主要在校内进行，其实习计划见表5-3。

表5-3　测量综合实习计划

序号	实习内容	时间安排(天)
1	布置实习任务、领借仪器、仪器检验与校正	0.5
2	踏勘测区	0.5
3	控制测量和内业计算	1.0
4	地形图测绘	3.0
5	地形图内业编辑与绘图	2.0
6	图上设计与施工放样	0.5
7	成果整理与技术总结(考核)、归还仪器	0.5
	合计	8.0

注：1. 实习动员及材料、工具的购买应在实习开始前完成。

2. 如遇雨天或其他特殊情况，实习内容和时间安排可做适当调整。

3. 上述安排是以一周半实习时间为准的，如实习时间更长，则可适当增加地形图的应用和施工测量的内容与天数。实习时间仅一周的专业可将实习内容做适当的调整。

二、测量实习的组织

测量实习的教学与管理工作由责任教师负责，并应配备一定数量的实习指导教师。实习前，应根据班级人数多少合理划分成若干小组(小组人数以4～6人为宜)，每个实习小组设小组长一名，负责本小组的实习工作。

为保证测量实习工作的顺利进行，一般应成立测量实习队队委会，队委会由责任教师、课程主讲教师、实习指导教师和有关班干部(或实习小组组长)组成。

三、测量实习纪律

(1)实事求是，严格执行作业规范，坚决杜绝弄虚作假行为。

(2)爱护测量仪器和工具，损坏或丢失测量仪器者应照价赔偿。

(3)不无故缺席，不迟到早退。安排在假期实习的班级，学员不得提前回家。

(4)团结合作，互相帮助，吃苦耐劳。

(5)各种记录手簿的检查和计算工作必须当场(天)完成。

(6)遵守学校或当地的有关法律法规。

第五节 测量实习的内容与要求

一、图根平面控制测量

图根控制点是直接供测图使用的平面和高程的依据,宜在各等级控制点下加密。图根平面控制,可采用图根导线、极坐标法、边角交会法和 GPS 测量等方法。一般采用闭合导线或附合导线,如在校园内实习,最好由教师预先在学校内布好一定数量的导线点(埋设控制点标志),供实习使用。

图根导线测量的技术要求应符合表 2-7 的规定。

当局部地区图根点密度不足时,可在等级控制点或一次附合图根点上,采用光电测距极坐标法布点加密,平面位置测量的技术要求应符合表 5-4 的规定。

表 5-4 光电测距极坐标法测量技术要求

项目	仪器类型	方法	测回数	最大边长(m)			固定角不符值(″)
				1:500	1:1 000	1:2 000	
测距	Ⅱ级	单程观测	1	200	400	800	—
测角	DJ_6	方向法、联测两个已知方向	1	—	—	—	≤ ±40

注:1. 边长不宜超过定向边的 3 倍。

2. 采用双极坐标测量时,每测站只联测一个已知方向,测角、测距均为一个测回,两组坐标较差不超限时,取其中数。

采用光电测距极坐标法所测的图根点,不应再行发展,且一幅图内用此法布设的点不得超过图根点总数的 30%。条件许可时,宜采用双极坐标测量,或适当检测各点的间距;当坐标、高程同时测定时,可变动棱镜高两次测量,以做校核。两组坐标较差、坐标反算间距与实测间距较差均不应大于图上 0. 2 mm。

二、图根高程控制测量

图根高程控制,可采用图根水准、电磁波测距三角高程等测量方法。导线点可作为高程控制点,构成闭合(或附合)水准路线,或电磁波测距三角高程导线。

图根高程控制测量起算点的精度,不应低于四等水准高程点。图根水准测量的主要技术要求,应符合表 5-5 的规定。图根电磁波测距三角高程的主要技术要求,应符合表 5-6 的规定。

表 5-5 图根水准测量的主要技术要求

每千米高差全中误差(mm)	附合路线长度(km)	水准仪型号	视线长度(m)	观测次数		往返较差、附合或环线闭合差(mm)	
				附合或闭合路线	支水准路线	平地	山地
20	≤5	DS10	≤100	往一次	往返各一次	$40\sqrt{L}$	$12\sqrt{n}$

注:1. L 为往返测段、附合或环线水准路线的长度(km),n 为测站数。

2. 当水准路线布设成支线时,其路线长度不应大于 2. 5 km。

表 5-6　图根电磁波测距三角高程的主要技术要求

每千米高差全中误差(mm)	附合路线长度(km)	仪器精度等级	中丝法测回数	指标差较差(″)	竖直角较差(″)	对向观测高差较差(mm)	附合或环形闭合差(mm)
20	≤5	6″级仪器	2	25	25	$80\sqrt{D}$	$40\sqrt{\sum D}$

注:D 为电磁波测距边的长度(km)。

三、大比例尺数字化地形图的测绘

地形测图,可采用全站仪测图、GPS RTK 测图和平板测图等方法,海南大学测量实习主要采用全站仪测图。全站仪测图的测距长度,不应超过表 5-7 的规定。

表 5-7　全站仪测图的最大测距长度

比例尺	最大测距长度(m)	
	地物点	地形点
1:500	160	300
1:1 000	300	500
1:2 000	450	700
1:5 000	700	1 000

大比例尺数字化地形图测绘的工作过程分为三个阶段:数据采集、数据处理与编辑和地图数据的输出。

在测量实习中,数据采集的主要方法为全站仪草图法数字测记模式。全站仪草图法数字测记模式是用全站仪采集数据并将这些数据存储在全站仪的内存里,并按测站现场绘制地形草图,对测点进行编号,测点编号应与仪器记录点号相一致。草图的绘制,宜简化标示地形要素的位置、属性和相互关系等,以便内业编绘成图。

在建筑密集的地区作业时,对于全站仪无法直接测量的点位,可采用支距法、线交会法等几何作图方法进行测量,并记录相关数据。

全站仪测图,可按图幅施测,也可分区施测。按图幅施测时,每幅图应测出图廓线外图上 5 mm;分区施测时,应测出区域界线外图上 5 mm。

全站仪草图法数字测记模式的数据处理过程是:数据下载、转换,运用数字化成图软件展点并编绘成图。

地图数据的输出以图解和数字方式进行。实习结束各小组应交验纸质地图数据和电子地图数据。

四、地形图的应用

实习小组可在教师的指导下,根据各组所测的大比例尺地形图,绘制某个断面的断面图并进行某个区域的场地平整工作。土木工程专业还应在各组测绘地形图的区域内或在指定区域设计一栋建筑物和该建筑物的建筑基线,反算出放样数据,以供放样实习使用。

五、工程施工测量

(一)测设建筑基线

根据建筑基线 A、O、B 三点的设计坐标和控制点坐标算出所需的测设数据,并绘制测设草图。

安置经纬仪于控制点上,根据极坐标法测设 A、O、B 三点并标定于地面上。

检查:在 O 点安置仪器,观测 $\angle AOB$,与 180°(或 90°)之差不得超过 ±24″,再丈量 AO、OB 的距离,与设计距离之差的相对误差不得超过 1/10 000,否则,应进行改正,改正的方法参见教材。

(二)测设民用建筑

(1)根据建筑基线和民用建筑物之间的相互关系,即可用直角坐标法将建筑物外墙轴线的交点测设到地面上。

(2)根据已知控制点和加密的控制点,用极坐标法直接测设建筑物。

(3)检查:建筑物的边长相对误差不得超过 1/5 000,角度误差不得超过 ±1′。

第六节　成果整理与成绩评定

在实习过程中,所有外业观测的原始数据均应记录在规定的表格内,全部内业计算也应在规定的表格内进行。实习结束时,应对测量成果资料进行整理,并装订成册,上交实习指导教师,作为评定实习成绩的主要依据。

一、上交的成果与资料

实习结束后,每组应上交的成果与资料如下:

(1)技术总结与实习总结。

(2)控制测量原始记录和平差计算表。

(3)碎部测量观测手簿或碎部点坐标数据(纸质文件和电子文件各一份)。

(4)1∶500 地形图一幅(纸质文件和电子文件各一份)。

(5)建筑物施工放样实验报告。

二、测量综合实习的成绩评定

(1)实习成绩的评定采用五级评分制:优秀、良好、中、及格、不及格。

(2)实习成绩的评定程序:先评出小组实习成绩,小组内个人成绩以小组成绩为基准进行评定。

(3)实习成绩的评定方法:小组实习成绩原则上由队委会共同评定,组内个人成绩一般先由小组民主评议,实习带队教师综合个人的实习表现、小组评议和上交资料质量,在小组成绩基准上上下浮动一至两个档次进行评定。

(4)凡属下列情况者,不论小组成绩和小组民主评议结果如何,均以不及格论处:

①损坏或丢失测量仪器和工具者。

②有意涂改或伪造原始数据或计算成果者。

③擅离岗位、经常迟到早退者。
④请病、事假超过实习总天数的 1/4 者。
⑤未完成实习任务者。
⑥抄袭他人测量数据、计算成果或描绘其他组测绘的地形图者。
⑦不交成果资料和实习报告者。
⑧影响他人实习造成严重后果者。
⑨违反实习纪律和当地的规章制度,在当地影响较坏者。

附　录

附录 A　圆曲线测设实验报告范例

课程名称:测量学　学院:土木建筑工程学院　专业、班级:05 土木工程　日期:2006 年1 月17 日

<table>
<tr><td>实验名称</td><td colspan="2">圆曲线测设(偏角法)</td><td>实验类型</td><td colspan="2">综合性实验</td></tr>
<tr><td>姓名、学号</td><td>×××　029 号</td><td>同组人姓名、学号</td><td colspan="3"></td></tr>
<tr><td colspan="4" rowspan="2">实验报告包含以下内容:
(1)实验目的。
(2)实验基本原理。
(3)仪器及设备。
(4)实验操作步骤。
(5)实验数据记录。
(6)数据处理过程及结果、结论。
(7)问题和讨论。</td><td>指导
教师</td><td></td></tr>
<tr><td>成绩</td><td></td></tr>
</table>

一、实验目的

(1)掌握圆曲线要素的计算,曲线主点、碎部点放样数据的计算方法。

(2)掌握经纬仪配钢尺偏角法或全站仪偏角 + 弦长放样圆曲线的方法。

二、实验要求

误差要求:半径方向(横向) ±0.05 m

切线方向(纵向) $\pm L/5\ 000$　(L 为曲线长)

三、实验仪器及工具

RTS112L 全站仪一台,微型棱镜一副,木桩 12 根,计算器一个,锤子一把,测伞一把。

四、实验题目

已知交点 JD 的里程为 1 +435.500 m,转向角 $\alpha = 50°$,半径 $R = 60$ m,试用偏角法测设分段曲线长为 10 m 的整里程加桩。

五、放样数据计算

(1)曲线元素、主点里程的计算。

切线长:$T = 60 \times \tan(50°/2) = 27.978$(m)

曲线长:$L = 60 \times \pi \times 50°/180° = 52.360$(m)

外矢距:$E = 60 \times [\sec(50°/2) - 1] = 6.203$(m)

切曲差:$D = 2 \times 27.978 - 52.360 = 3.596$(m)

曲线起点 ZY 的里程 = 1 + (435.500 − 27.978) = 1 + 407.522(m)

曲线中点 QZ 的里程 = 1 + (407.522 + 52.360/2) = 1 + 433.702(m)

曲线终点 YZ 的里程 = 1 + (407.522 + 52.360) = 1 + 459.882(m)

(2)圆曲线碎部点偏角值等放样数据的计算见附表 A-1。

六、实验步骤

(一)圆曲线主点的测设

如附图 A-1 所示,置全站仪于交点 JD,望远镜后视 ZY 方向,沿前面的切线方向测设切线长 $T=27.978$ m,打下曲线起点 $A(ZY)$ 桩,然后转动望远镜前视 YZ 方向,自 JD 点沿此方向测设切线长 $T=27.978$ m,打下曲线终点桩 $B(YZ)$,再以 YZ 为零方向测设水平角 65°,可得两切线的分角线方向,沿此方向从 JD 测设外矢距 $E=6.203$ m,打下曲线中点桩 QZ。

(二)圆曲线碎部点的测设

采用全站仪偏角 + 弦长放样圆曲线各碎部点。

(1)检核主点。

(2)安置全站仪于曲线起点 ZY,瞄准转折点 JD,将水平度盘置零。

(3)向右转动 1 点偏角值 δ_1,沿 $ZY-1$ 方向测设弦长 $d_1=2.478$ m 以标定碎部点 1,继续转动 2 点偏角值 δ_2,沿 $ZY-2$ 方向测设弦长 $d=12.456$ m 以标定碎部点 2。依此法类推逐一测设曲线上所有碎部点。

(4)检核闭合点终点(YZ)。

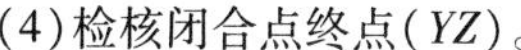

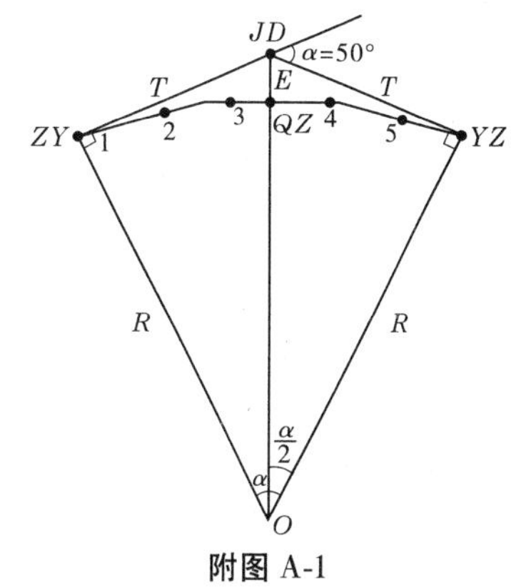

附图 A-1

七、放样精度检测

略。

附表 A-1　圆曲线碎部点偏角值等放样数据计算

点名	桩号	弧长	偏角值 单角(° ′ ″)	偏角值 累计值(° ′ ″)	弦长(m)	弦弧差	起点 ZY 到各碎部点的弦长
ZY	1 +407.522						
		2.478	1 10 59		2.478	0	
1	410			1 10 59			2.478
		10	4 46 29		9.989	−0.011	
2	420			5 57 28			12.456
		10	4 46 29		9.989	−0.011	
3	430			10 43 57			22.347
		3.702	1 46 03		3.701	−0.001	
QZ	1 +433.702			12 30 00			25.973
		6.298	3 00 25		6.295	−0.003	
4	440			15 30 25			32.083
		10	4 46 29		9.989	−0.011	
5	450			20 16 54			41.597
		9.882	4 43 06		9.871	−0.011	
YZ	1 +459.882			25 00 00			50.714

附录 B　建筑物平面位置测设实验报告范例

课程名称:测量学　学院:土木建筑工程学院　专业、班级:05 土木工程 日期:2006 年1 月17 日

<table>
<tr><td>实验名称</td><td colspan="2">建筑物平面位置的测设</td><td>实验类型</td><td colspan="2">综合性实验</td></tr>
<tr><td>姓名、学号</td><td>×××　029 号</td><td>同组人姓名、学号</td><td colspan="3"></td></tr>
<tr><td colspan="4" rowspan="2">实验报告包含以下内容:
(1)实验目的。
(2)实验基本原理。
(3)仪器及设备。
(4)实验操作步骤。
(5)实验数据记录。
(6)数据处理过程及结果、结论。
(7)问题和讨论。</td><td>指导教师</td><td></td></tr>
<tr><td>成绩</td><td></td></tr>
</table>

一、实验目的

(1)练习控制点的加密方法。

(2)练习使用全站仪测设建筑物的平面位置。

二、实验基本原理

控制点的加密方法如下:

(1)支导线法加密控制点。

(2)前方交会法加密控制点。

(3)单三角形法加密控制点等。

本次实验采用支导线法加密控制点。

建筑物平面位置的测设采用 RTS112L 全站仪主菜单下放样模式进行。

三、仪器及设备

RTS112L 全站仪一套,微型棱镜一副,记录板一个,计算器一个,木桩 12 根,锤子一把。

四、精度要求

直角的误差不超过 ±1′,边长的绝对误差不超过 ±10 mm。

加密控制点的坐标及拟放样建筑物四角坐标见附图 B-1。

五、实验步骤

(一)控制点的加密

采用 RTS112L 全站仪坐标测量模式将控制点引测到拟放样建筑物的附近。本次引测的控制点编号为 N49,其坐标见附图 B-1。

(二)建筑物平面位置的放样

以加密控制点 N49 为测站,N08 为后视点放样建筑物的四个角点。在 RTS112L 全站仪上放样菜单操作模式下完成。

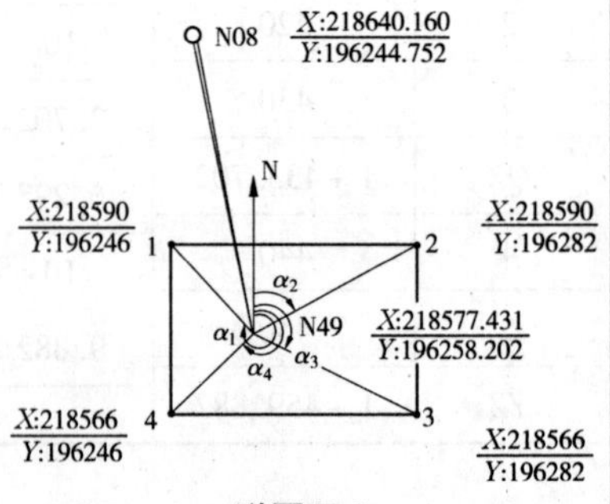

附图 B-1

六、放样数据的计算

见附表 B-1。

七、放样点角度的检测

见附表 B-2。

附表 B-1　测设数据计算

点位名称	点名	纵坐标 X(m)	横坐标 Y(m)	测设数据计算			
				距离计算值		方位角计算值	
定向点 1	N08	218640.160	196244.752	$D_{N49-N08}$	64.155 m	$\alpha_{N49-N08}$	347°53′54″
测站点 2	N49	218577.431	196258.202				
放样点 3	1	218590	196246	D_{N49-1}	17.518 m	α_{N49-1}	315°50′56″
放样点 3	2	218590	196282	D_{N49-2}	26.913 m	α_{N49-2}	62°09′33″
放样点 3	3	218566	196282	D_{N49-3}	26.401 m	α_{N49-3}	115°39′24″
放样点 3	4	218566	196246	D_{N49-4}	16.720 m	α_{N49-4}	226°52′07″

附表 B-2　水平角与水平距离检测

测站	测回数	竖盘位置	目标	度盘读数 (°　′　″)	半测回角值 (°　′　″)	较差 (″)	平均角值 (°　′　″)	测设略图
2	1	左	4	0　00　00	89　59　23	−4	89　59　25	
			1	89　59　23				
		右	4	179　59　58	89　59　27			
			1	269　59　25				
距离检测	$D_{24理}=43.267\ \mathrm{m}, D_{24测}=43.259\ \mathrm{m}, \Delta D_{24}=-8\ \mathrm{mm}$； $D_{21测}=36.006\ \mathrm{m}, \Delta D_{21}=+6\ \mathrm{mm}$； $D_{23测}=23.999\ \mathrm{m}, \Delta D_{23}=-1\ \mathrm{mm}$。							

附录 C　观测记录表

附表 C-1　等外水准测量观测手簿(变动仪高法)

自＿＿＿＿＿　测至＿＿＿＿＿　日期＿＿＿＿＿　仪器型号＿＿＿＿＿　仪器号＿＿＿＿＿

班级＿＿＿＿＿　小组号＿＿＿＿＿　天气＿＿＿＿＿　观测者＿＿＿＿＿　记录者＿＿＿＿＿

测站	测点	水准尺读数（m）		高差(m) h_1/h_2	平均高差 $h_{平均}$	改正数（mm）	改正后高差(m)	高程（m）
		后视读数 a_1/a_2	前视读数 b_1/b_2					
Σ								
计算校核	$\sum a-\sum b=$　$(\sum a-\sum b)/2=$ $\sum 2h=$　$\sum h=$　$H_{终}-H_{始}=$							
成果校核	$f_h=$　$f_{h容}=\pm 12\sqrt{n}$(mm)							

附表 C-2　等外水准测量观测手簿(双面尺法)

自__________　测至__________　日期__________　仪器型号__________　仪器号__________

班级________　小组号________　天气__________　观测者____________　记录者__________

测站	测点	水准尺读数(m) 后视读数 黑面/红面	水准尺读数(m) 前视读数 黑面/红面	高差(m) 黑面/红面	平均高差 $h_{平均}$	改正数(mm)	改正后高差(m)	高程(m)
Σ								
计算校核	黑面 $\sum a - \sum b = \sum h_{黑} =$ 红面 $\sum a - \sum b = \sum h_{红} =$ 平均高差之和 $\sum h = (\sum h_{黑} + \sum h_{红} \pm 0.100)/2 =$							
成果校核	$f_h =$　　　　$f_{h容} = \pm 12\sqrt{n}$(mm)							

附表 C-3　三、四等水准测量观测手簿

自＿＿＿＿＿　测至＿＿＿＿＿　日期＿＿＿＿＿　仪器型号＿＿＿＿＿　仪器号＿＿＿＿＿

班级＿＿＿＿＿　小组号＿＿＿＿＿　天气＿＿＿＿＿　观测者＿＿＿＿＿　记录者＿＿＿＿＿

测站编号	后尺 上丝 / 下丝	前尺 上丝 / 下丝	方向及尺号	标尺读数		K 加黑减红	高差中数	备注
	后距	前距		黑面	红面			
	视距差 d	Σ						
			后					
			前					
			后－前					
			后					
			前					
			后－前					
			后					
			前					
			后－前					
			后					
			前					
			后－前					
			后					
			前					
			后－前					
			后					
			前					
			后－前					
每页校核								

附表 C-4　测回法观测手簿

日期______年____月____日　天气________　仪器型号______________　仪器号______________

班级______________　小组号______________　观测者______________　记录者______________

测站	测回数	竖盘位置	目标	度盘读数 (° ′ ″)	半测回角值 (° ′ ″)	较差	一测回角值 (° ′ ″)	各测回 平均角值 (° ′ ″)
		左						
		右						
		左						
		右						
		左						
		右						
		左						
		右						
		左						
		右						
		左						
		右						

附表 C-5　全圆方向法观测手簿

日期______年____月____日　天气________　仪器型号______________　仪器号____________

班级____________　小组号______________　观测者______________　记录者____________

测站	测回数	照准目标	水平度盘读数		2c = 左 − (右 ± 180°) (′ ″)	平均读数 = [左 + (右 ± 180°)]/2 (° ′ ″)	归零后的方向值 (° ′ ″)	各测回归零方向值的平均值 (° ′ ″)
			盘左读数 (° ′ ″)	盘右读数 (° ′ ″)				
略图及角值								

附表 C-6　竖直角观测手簿

日期______年____月____日　天气________　仪器型号______________　仪器号______________

班级______________　小组号______________　观测者______________　记录者______________

测站	目标	竖盘位置	竖盘读数 (°　′　″)	半测回竖直角 (°　′　″)	指标差 (′　″)	一测回竖直角 (°　′　″)	各测回平均竖直角 (°　′　″)
		左					
		右					
		左					
		右					
		左					
		右					
		左					
		右					
		左					
		右					
		左					
		右					
		左					
		右					
		左					
		右					

附表 C-7 全站仪导线观测手簿

日期______年____月____日 天气________ 仪器型号______________ 仪器号______________

班级______________ 小组号______________ 观测者______________ 记录者______________

测站	测回数	盘位	目标	度盘读数 (° ′ ″)	半测回角值 (° ′ ″)	较差	一测回角值 (° ′ ″)	各测回平均角值 (° ′ ″)
		左						
		右						
		左						
		右						
		左						
		右						

测站	仪高	盘位	竖盘读数 (° ′ ″)	半测回竖直角 (° ′ ″)	指标差	一测回竖直角 (° ′ ″)	距离观测值	中数	两差 f	改正数
目标	觇高							平距	高差	高程 (m)
		左								
		右								
		左								
		右								
		左								
		右								

注:$f = 6.73 \times D^2$(cm),D 以 km 为单位。

参 考 文 献

[1] 顾孝烈,鲍峰,程效军. 测量学实验[M]. 2 版. 上海:同济大学出版社,2003.
[2] 何习平. 建筑工程测量实训指导[M]. 北京:高等教育出版社,2004.
[3] 程效军,须鼎兴,刘春. 测量实习教程[M]. 上海:同济大学出版社,2005.
[4] 王依,过静珺. 现代普通测量学[M]. 北京:清华大学出版社,2009.
[5] 合肥工业大学,重庆建筑大学,天津大学,等. 测量学[M]. 4 版. 北京:中国建筑工业出版社,1995.
[6] 覃辉. 土木工程测量[M]. 上海:同济大学出版社,2004.
[7] 赵世平. 数字水准仪、全站仪测量技术[M]. 郑州:黄河水利出版社,2015.
[8] 蒋辉,潘庆林,刘三枝. 数字化测图技术及应用[M]. 北京:国防工业出版社,2006.
[9] 中国有色金属工业协会. GB 50026—2007 工程测量规范[S]. 北京:中国计划出版社,2008.
[10] 北京市测绘设计研究院. CJJ 8—99 城市测量规范[S]. 北京:中国建筑工业出版社,1999.